李琳　杨海健　主编

科学与生活

化学工业出版社

·北京·

内容简介

《科学与生活》共八章，分别从电子信息工程、化学与材料、计算机科学、生命科学与食品科学、生物医学工程、数学与统计、医学与药学以及资源与环境等八个社会普遍关注的专题入手，涉及50多个主题，以科普的形式和通俗的文字介绍生活中的科学知识，揭示生活现象背后的科学原理，期望为21世纪终身学习者提供一本以科学视角理解社会生活问题的读本，为读者学习科学知识、培养科学思维、提升科学素养、增强科学精神提供帮助。

《科学与生活》可作为大学生科学素养教育课程的教材使用，也可作为社会大众科普性读物，供对自然科学知识感兴趣的不同层次的读者参考使用。

图书在版编目（CIP）数据

科学与生活/李琳，杨海健主编 . —北京：化学工业出版社，2023.11
ISBN 978-7-122-44575-9

Ⅰ.①科⋯　Ⅱ.①李⋯②杨⋯　Ⅲ.①科学知识　Ⅳ.①G302

中国国家版本馆CIP数据核字（2023）第230752号

责任编辑：李　琰　宋林青　　文字编辑：葛文文
责任校对：田睿涵　　　　　　装帧设计：韩　飞

出版发行：化学工业出版社
　　　　　（北京市东城区青年湖南街13号　邮政编码100011）
印　　装：涿州市般润文化传播有限公司
787mm×1092mm　1/16　印张16¾　字数385千字
2025年1月北京第1版第1次印刷

购书咨询：010-64518888　　售后服务：010-64518899
网　　址：http://www.cip.com.cn
凡购买本书，如有缺损质量问题，本社销售中心负责调换。

定　价：68.00元　　　　　　　　版权所有　违者必究

《科学与生活》编写人员名单

主　　　编：李　琳　杨海健

副　主　编（以姓氏拼音排序）：

陈　锟　陈军波　谭艳平　田　微
王　立　夏永波　叶恒朋　尹世金
张泽会

其他参编人员（以姓氏拼音排序）：

艾　勇　陈　素　陈旅翼　谌先敢
邓湉湉　杜　鸿　龚吉红　胡万欣
胡雪琪　黄　蓉　贾小英　姜　宇
康宁馨　康怡琳　兰　薇　黎永秀
李　覃　李　薇　李小军　李正义
凌　云　刘　超　刘　虹　刘　晶
刘庆培　龙　浩　毛腾跃　梅　鹏
潘　宁　朴旭瑞　秦　缘　覃　瑞
沈　健　孙　焕　汪政红　王　静
王　献　王朝元　王海英　王虎成
王曦照　吴谋硕　吴思琪　谢勤岚
熊　瑛　徐　婧　徐　鑫　许倍滔
阳小飞　杨凯伦　殷红燕　张　莉
周　到　周　莉　朱宗晓

前　言

党的二十大报告指出："我们要坚持教育优先发展、科技自立自强、人才引领驱动，加快建设教育强国、科技强国、人才强国，坚持为党育人、为国育才，全面提高人才自主培养质量，着力造就拔尖创新人才，聚天下英才而用之。"因此，如何科学全面实施素质教育以培养社会所需要的人才，如何提升全社会人群的终身学习能力，是我们需要思考和探讨的教育问题。习近平总书记指出，科技创新、科学普及是实现创新发展的两翼，要把科学普及放在与科技创新同等重要的位置。而科技进步和社会发展，则为科学普及不断提供新的生长点，使科普工作具有鲜活的生命力和浓厚的社会性、时代性。

《科学与生活》主要围绕当代人们共同关注的电子信息工程、化学与材料、计算机科学、生命科学与食品科学、生物医学工程、数学与统计、医学与药学以及资源与环境等话题，从科学现象与科学原理、科学知识与科学精神等角度剖析当今世界出现的热点问题，从而帮助读者更深层次了解科学本质，体会科学精神。全书共由八章组成，分别为：第一章电子信息工程（共 6 个小节）、第二章化学与材料（共 9 小节）、第三章计算机科学（共 9 小节）、第四章生命科学与食品科学（共 6 小节）、第五章生物医学工程（共 10 小节）、第六章数学与统计（共 6 小节）、第七章医学与药学（共 7 小节）、第八章环境与资源（共 6 小节）。在编写方式上，力求做到集知识性、实用性和趣味性于一体，紧扣生活实际，深入浅出地展开阐述，并配有一系列贴合内容的图片。

《科学与生活》具有以下特点：①融合化学、材料、物理、数学、生物、环境、信息、计算机等方面的科学知识，覆盖面较为广泛；②精心选取与社会热点紧密联系的素材，编写深入浅出，兼具知识性和趣味性，适合不同专业背景的学生学习使用；③注重科学知识的普及、科学思维的增强、科学素养的提高以及社会责任感的培养。

《科学与生活》由中南民族大学相关专业背景的教师联合编写，其中李琳教授(全国科普讲解大赛一等奖获得者、全国十佳科普使者、全国科普工作先进工作者)、杨海健教授(全国科技活动周先进个人)任主编,陈锟教授、陈军波教授、谭艳平教授、田微教授、王立教授、夏永波教授、叶恒朋教授、尹世金教授、张泽会教授任副主编(以姓氏拼音排序),艾勇等 50 余位同志参与编写。本书在编写过程中,参考了有关文献和书籍,并得到了许多学者的帮助,在此一并表示感谢。

  由于编者水平有限,书中难免有不足之处,恳请读者批评指正。

编者
2024 年 8 月

目 录

第一章　电子信息工程　　1

第一节　信号、消息、信息　　2
第二节　量子计算机　　6
第三节　数字化的世界　　11
第四节　神奇的芯片　　14
第五节　北斗系统　　19
第六节　观色识温——红外测温技术　　23

第二章　化学与材料　　28

第一节　二氧化碳与北京冬奥会的冰雪奇缘　　29
第二节　皮克林乳液　　33
第三节　无处不在的高分子　　40
第四节　表面活性剂的奥秘　　44
第五节　锂离子电池　　49
第六节　神奇的石墨烯　　56
第七节　左右之辨——手性之谜　　61
第八节　神奇的催化剂　　64
第九节　碳纤维材料　　68

第三章　计算机科学　　73

第一节　App 推荐系统　　74
第二节　城市轨道交通　　78
第三节　电五官——传感器　　84
第四节　激光清洗　　88
第五节　平行系统　　92
第六节　人机交互　　95

第七节　神秘的第四种物质存在形态——等离子体 ·· 99
第八节　数字人民币 ·· 103
第九节　虚拟现实 ·· 106

第四章　生命科学与食品科学　　111

第一节　宝贵的种质资源 ·· 112
第二节　发酵肉制品及其安全性 ·· 116
第三节　植物也会流汗吗 ·· 120
第四节　生物入侵与生物安全 ·· 123
第五节　奇特的生物——病毒 ·· 128
第六节　食品安全知多少 ·· 132

第五章　生物医学工程　　136

第一节　可穿戴医疗设备 ·· 137
第二节　膜离子通道及其应用 ·· 141
第三节　脑机接口技术 ·· 146
第四节　神经信号传导的奥秘 ·· 150
第五节　生物芯片 ·· 156
第六节　无线胶囊内镜 ·· 159
第七节　医疗机器人 ·· 165
第八节　医疗健康工程 ·· 170
第九节　医学人工智能与药物研发 ·· 177
第十节　远程医疗 ·· 179

第六章　数学与统计　　184

第一节　Diffie-Hellman 密钥交换——公开传递的秘密 ·································· 185
第二节　Hash（哈希）函数——消息的"指纹" ·· 189
第三节　数学之美 ·· 193
第四节　分形几何 ·· 198
第五节　Mann-Whitney-Wilcoxon 秩和检验 ·· 203
第六节　组间差异分析 ·· 208

第七章　医学与药学　　214

第一节　被降服的有毒中药 ·· 215
第二节　基因检测 ·· 217

第三节　硫熏中药 —————————————————— 222
第四节　肠道菌群 —————————————————— 226
第五节　转基因技术 ————————————————— 230
第六节　兰科植物 —————————————————— 234
第七节　痛风之痛 —————————————————— 237

第八章　资源与环境　　240

第一节　长江上的"钢铁长城" ———————————— 241
第二节　神奇的光催化 ———————————————— 244
第三节　纳米零价铁——重金属污染物的克星 ————— 247
第四节　碳达峰与碳中和 ——————————————— 251
第五节　氢能源 ——————————————————— 254
第六节　稀土发光的秘密 ——————————————— 257

第一章

电子信息工程

第一节

信号、消息、信息

陈 锟

司马迁在《史记》中记载了周幽王为博褒姒一笑，烽火戏诸侯的故事。文中描述的"幽王为烽燧大鼓，有寇至则举烽火"从侧面记录了古人通过烽火台的烽火和擂鼓的鼓声来传递军情的办法。这反映我们祖先很早就掌握了通信的方法——通过某种行为或媒介来实现信息的传递。

当没有敌人时，烽火台没有动静；当敌人来犯时，在烽火台上点燃燃料，通过燃烧时产生的火光和烟雾将敌人来犯的消息传递给下一个烽火台，下一个烽火台再传给下下个烽火台，一个接一个地传下去，敌人来犯的消息就被很快地传递出去。用狼烟传递信息的原理简单明了，但如果我们要深入理解这一过程的物理学和数学原理，则并没有想象中的那么简单。实际上，直到两千多年后的20世纪40年代，克劳德·艾尔伍德·香农（Claude Elwood Shannon）发表了《通信的数学原理》和《噪声下的通信》两篇论文，才为通信和信息理论打下了坚实的理论基础。

烽火台要实现信息的远距离传递，就需要一个能传递信息的载体。如果用"看到狼烟"表示敌人来犯，人们看到的实际是被狼烟吸收、折射和反射的光线。在没有月光的黑夜，人们是看不到狼烟的，因为要看到狼烟，首先要有照射到狼烟上的光线。光线成了信息传递的载体，被狼烟改变的光线成为"信号"。信号通常以某种物理量的方式呈现，信号的传递过程就是这一物理量的运动变化和传播过程。信号即为信息的载体。狼烟将环境光变成携带信息的光线的过程即为信息的"加载"。如何在信号中加载信息是通信技术研究的核心问题。

当一个士兵看到狼烟时，他需要把这个重要的军事情报汇报给他的上级，他可以当面用语言报告，也可以把情报写下来报告。实际上我们真正关心的是加载在信号载体上的"消息"，而不是信号。同一条消息，我们既可以用光波信号来传递，也可以用声波信号来传递，还可以用文字和图像来传递。消息才是目的，信号只是手段。

"消息"是指用于传送信息任务的符号或符号序列。人们通常使用文本、数据、语言、图形和图像来传递消息。通过消息的定义，我们可以知道，接收者要接收到消息，必须要知道发送者使用的符号规则。如果一位中国古代士兵要将"敌人进攻"的消息告知一位语言不通的古罗马军官，将是一件难以完成的任务。古罗马军官可以收到中国士兵发出的声音信号，但无法接收到他发出的消息。这说明信号和消息是两个不同的概念。对于信号，我们关心的是信号传播的速度、传播的介质、所需的能量；对于消息，我们关心的是构造消息的效率，即如何在保证通信质量的前提下，尽可能用更少的符号和更高的效率来表示消息。之所以很多通信系统都使用电磁波信号（图1）来传递消息，是因为电磁波具有传播速度快，能在真空和空气介质中传播，发射消耗能量要求低等优点。我们日常生活交流中最习以为常又不可或缺的是我们的语言。使用同一种语言的人们采用统一的消息表达方式来实现沟通交流，简洁明了、言简意赅则是语言天生的要求。

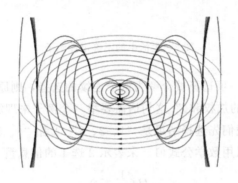

图1　用于传播消息的电磁波信号

"消息"是否就是"信息"呢？按照香农的理解：信息是对不确定性的消除和减少。我们可以从这个定义出发，做一些思考：一名事先不知道敌人入侵的士兵看到了烽火台上的狼烟，他便收到了敌人入侵的消息，这一消息显然消除了这个士兵在"敌人是否要入侵我们"这个问题上的不确定性，他收到的消息具有信息量；但如果这个士兵就是点燃狼烟的人，他看到狼烟时，并没有获得信息量，因为他在点燃狼烟前就已经知道敌人入侵了。这告诉我们两个结论：

① 消息不是信息。消息虽然不是一个实物，但它通常是对具体事物状态的描述，具有更多的"客观性"特征。而信息则与消息描述的具体事物无关，信息用于衡量具体事件中"不确定性"这一抽象概念。

② 同一个消息，对于不同的接收者，信息量是不同的，所以信息不仅和消息有关，还和消息的接收者有关。信息更多表现为多个不确定事件之间的一种关系。

如果能够对"不确定性"进行定量表示，也就能对信息进行定量表示。在讨论信息的定量计算前，我们先举两个熟悉的例子。第一个例子是"抛硬币"，它有两个可能的结果，假设两个结果出现的可能性相同，则各有$\frac{1}{2}$的可能性，其不确定性就是2选1的可能性。第二个例子是"掷骰子"（图2），它有6种可能的结果，如果假设所有结果出现的可能性相同，则各有$\frac{1}{6}$的可能性。这两个例子中，显然第二种情况的不确定性更大，信息量也应该更大。香农在他的论文中写道:"如果事件的所有可能性都相等,则信息量 H 应该是事件可能数量 n 的单调函数。"即6大于2,则6选1的信息量应该大于2选1的信息量。

图2　生活中的不确定性例子

香农还写道:"如果一项选择被分解为两个连续的选择,则原来的信息量 H 应该等于分解后的各个信息量 H 的加权和。"这句话需要举一个例子来理解,我们可以分两步来选择"掷骰子"的结果,我们先选择结果是"1、2、3"或者"4、5、6"中的一种,这显然是个2选1的问题,可以用数学公式(1)来表示2选1的信息量。

$$H\left(\frac{1}{2}, \frac{1}{2}\right) \tag{1}$$

式(1)的括号里面的两个 $\frac{1}{2}$ 代表有两种可能结果,以及每个结果的可能性均为 $\frac{1}{2}$。可能性之和等于1,1代表100%实现,即事件结果一定是这两种选择中的一种。显然式(1)所表示的信息量和抛硬币是相同的。但我们仅仅选择了结果属于"1、2、3"或者"4、5、6"中的一种,还没有选择骰子的具体点数,这就需要我们再进行一次3选1的选择,香农定义了将这两次信息量加起来计算总信息量的公式,其中第二次选择采取了加权求和,计算方法如式(2)所示。

$$H\left(\frac{1}{2}, \frac{1}{2}\right) + \frac{1}{2} H\left(\frac{1}{3}, \frac{1}{3}, \frac{1}{3}\right) + \frac{1}{2} H\left(\frac{1}{3}, \frac{1}{3}, \frac{1}{3}\right) \tag{2}$$

按照香农的定义,将6选1问题分解为第一次的2选1问题和第二次的两个3选1问题,得到的信息量和直接进行6选1的信息量应该相等,即

$$H\left(\frac{1}{6}, \frac{1}{6}, \frac{1}{6}, \frac{1}{6}, \frac{1}{6}, \frac{1}{6}\right) = H\left(\frac{1}{2}, \frac{1}{2}\right) + \frac{1}{2} H\left(\frac{1}{3}, \frac{1}{3}, \frac{1}{3}\right) + \frac{1}{2} H\left(\frac{1}{3}, \frac{1}{3}, \frac{1}{3}\right) \tag{3}$$

要满足这个要求,我们可以证明信息的定量计算方法如式(4)所示。

$$H = -\sum_{k=0}^{n} p_k \log_x p_k \tag{4}$$

我们将式(4)中对数log的底 x 取为2,表示为lb,单位为"比特",可以计算出式(1)的信息量为1比特。

$$H\left(\frac{1}{2}, \frac{1}{2}\right) = -\left(\frac{1}{2} \text{lb} \frac{1}{2} + \frac{1}{2} \text{lb} \frac{1}{2}\right) = \text{lb} 2 = 1 \tag{5}$$

式(3) 的信息量为 2.6 比特。

$$H\left(\frac{1}{6},\frac{1}{6},\frac{1}{6},\frac{1}{6},\frac{1}{6},\frac{1}{6}\right)=\text{lb}6\approx 2.6 \quad (6)$$

即 1 个比特的二进制符号可以表示硬币的两面，2.6 比特二进制符号可以表示骰子的 6 个结果。表 1 为抛硬币结果与二进制的关系。

表 1 抛硬币结果与二进制的关系

抛硬币结果	字面	花面
1 比特二进制	0	1

通信中的信号、消息、信息的基本原理并不仅仅服务于通信系统技术，而是我们认识客观世界的基本规律。我们所在的宇宙，任何事物及其运动都可以看作是物质、能量和信息的转换与传递。了解了通信中的信号、消息和信息，有助于我们更深刻地认识信息交换过程的基本原理，也可以指导我们在生活中寻找更合适的信号，构造更高效的消息，传递更有价值的信息。

参考资料

[1] 詹姆斯·格雷克. 信息简史 [M]. 高博, 译. 北京: 人民邮电出版社, 2013.
[2] Shannon C E. A mathematical theory of communication [J]. Bell System Technical Journal, 1948, 27 (4): 379-423.

第二节

量子计算机

龙 浩

自20世纪50年代世界上第一块集成电路诞生以来,在60余年的发展历程中,集成电路芯片元件密度越来越高,性能也越来越强大。随着半导体材料和光刻技术的飞速发展,集成电路芯片的纳米级制程已经获得突破。2022年6月,韩国三星公司宣称开始量产3纳米工艺集成电路芯片,我国多家半导体公司也宣布完成3纳米芯片的测试开发,正在向量产测试阶段有序推进。芯片制造技术又往前推进了一大步。然而,这个尺寸已经接近物理极限,摩尔定律面临失效危机。

量子计算机的出现让人们看到了突破极限的曙光。2019年,美国谷歌公司推出了名为"悬铃木(Sycamore)"的量子处理器,率先实现了量子优越性(quantum supremacy,指量子计算机在某个特定问题上的计算能力远超过性能最好的超级计算机)。2020年,中国科学技术大学科研团队研制的量子计算原型机"九章",在200秒时间内求解了数学算法高斯玻色采样,相当于当时最强超级计算机运算6亿年;2021年,该团队研制的"九章二号"(图1)、"祖冲之号"和"祖冲之二号"(图2)量子计算原型机相继问世,全球量子计算机的前沿研究被推向了新的高度。另外,谷歌利用量子处理器在前所未有的水平上完成了一项化学过程的模拟,打开了量子计算机应用的大门。

图1 "九章二号"量子计算机

图2 "祖冲之二号"量子处理器

从概念提出到今天，量子计算机不断取得重要进展，同时也伴随着不少困难与争议。量子计算机到底是如何工作的？量子计算机的运算能力为何远超经典计算机？它的推广应用将会如何改变我们的世界？它的发展还面临哪些问题？

1. 量子计算机的"优越性"

经典计算机芯片由大量晶体管组成。晶体管是计算机处理数据的最基本单元，它就像开关，可以阻拦或者允许电流通过，这就产生了一个二进制的信息单元，人们称它为比特。若干晶体管组成逻辑单元，实现与、或、非等简单的逻辑运算功能；大量逻辑单元组合在一起，最终实现了远高于人力计算的强大运算能力。

为应对不断增长的应用需求，人们一直试图减小晶体管的尺寸以提高算力并减少功耗。然而，当晶体管已经小到纳米量级的时候，人们需要解决的已不仅仅是工艺制程难题，还需要关注微观尺度下特殊的物理效应：当晶体管仅有数个原子大小时，电子可能无视阻碍直接通过一个已经处于关断状态的晶体管，这个看似超越常理的现象被称为量子隧穿。微观上，电子穿"墙"被大量研究所证实，并且它的影响随着尺寸的减小而越发显著，将严重影响芯片性能和可靠性。面对这样的物理极限，经典计算机性能提高遇到瓶颈是迟早之事，另辟蹊径成为必需的考量。量子计算概念的提出，让人们看到了希望。

在经典计算机中，某时刻一个经典比特（classical bit）要么对应0，要么对应1，它只能处于一种状态。而在量子计算机中，一个量子比特（qubit）则是处于0和1以某种方式进行归一化线性组合的特殊状态，这种状态被称为量子叠加态。经典比特和量子比特如图3所示。就像薛定谔的猫，生活经验告诉我们，盒子中的猫要么是死的，要么是活的，只是我们没有打开盒子观察而已；而量子力学却认为，盒子中的猫是处于死和活的叠加态——一种超越生活体验的特殊状态。而直到我们打开盒子观察的那一刻，这种叠加态才发生改变，演变成了死或生中的一种状态。薛定谔的猫将量子力学假设放大到生活经历之中，让人匪夷所思，甚至引发了大量哲学观点的交锋。尽管难以用生活经验去理解，但它背后的量子力学基本假设在微观尺度上已经被越来越多的实验所验证。正是这种违背直觉却在微观尺度下被不断证实存在的量子叠加态，带来了计算方式的极大变革。

对于经典计算机中的经典比特，在任意时刻，它只能处于0和1这两种状态中的一种；而量子比特则不同，由于量子叠加态的存在，量子比特可以同时工作于两种状态。因此，拓展到 N 位计算机，量子比特可以同时工作在 $2\times2\times\cdots\times2=2^N$ 种状态，而经典比特仍然只有唯一一种状态。所以，1台 N 位量子计算机和 2^N 台 N 位经典计算机的计算能力相当，这就是并行计算的力量，也是"量子优越性"的关键所在。随着量子比特位数的增加，量子计算机算力还会呈现指数增长。300位量子比特可以处理的信息量（2^{300}）就已经超越了目前宇宙中已知的原子总数。

在庞大的数据库中检索时，经典计算机需要遍历所有可能的匹配才能找到结果，而采用并行计算的量子计算机，检索时间将巨幅缩减。就像三阶经典魔方，它有4325亿亿种变化，如果想要将它复原，有人可能会一个一个方案去试验，而也有人只需看一眼初始状态，然后蒙上眼睛用至多20步即可复原。

图 3　经典比特（a）和量子比特（b）示意图

2. 量子计算机的应用

量子计算机特殊的计算原理，使它能够在某些领域展现出远高于经典计算机的超强算力。那么，是否有可能开发出可以取代经典计算机、可以应用在各数字领域的通用量子计算机呢？依据我国量子信息领域专家团队的观点，由于技术上的难度，何时实现通用量子计算机尚不明确，国际学术界一般认为还需要 15 年甚至更长时间。除制造难度大、研制成本高以及可靠性不足等制约因素以外，根本的原因是：量子计算机超强算力所依赖的量子算法并不是对所有的计算过程都能起到很好的加速效果，对于基础的逻辑运算，量子计算机并不能展现出明显的优势。那么，量子计算机究竟适用于哪些应用领域呢？就目前的技术现状而言，量子计算机主要应用在模拟量子现象本身和部分巨量数据运算。

2020 年，谷歌通过 Sycamore 量子计算机（图 4）用 12 位量子比特成功模拟了氢链结合能和二氮烯异构化反应，这是量子计算机成功模拟量子现象的重要案例。量子计算机最值得期待的应用之一——精确电子结构计算终于实现，这是人类第一次使用量子计算机预测化学反应机理。物理学家费曼在他的《费曼物理学讲义》中提到，理论化学的最终归宿是在量子力学中。薛定谔方程是量子力学的一个基本方程，也是化学分子遵循的基本规律，因此量子计算机能以更接近事物本源的方式模拟复杂的化学过程。随着量子比特位数的增加和量子算法的进一步优化，量子计算机将以更高的效率模拟更复杂的化学反应，甚至以更短的周期开发新的化学物质。这在一些特殊时期显得尤为重要。

图 4　Sycamore 量子计算机

巨量数据运算方面，1994 年开发的秀尔（Shor）量子算法已在理论上被证明具有加速破解现有基于大数质因数分解等体系密码的能力，量子计算机在数字安全领域价值凸显；金融、航天、交通等场景中应用的人工智能、大数据等技术在未来也很可能出现量子计算机的身影。

3. 量子计算机的弱点

量子计算机的应用前景看似一片大好，然而它却异常脆弱。量子叠加态稍被扰动，量子比特就可能发生一种被称为退相干的现象，退回到经典比特。正如薛定谔的猫，当打开盒子观察，猫的生死叠加态发生了退相干，猫的状态就由叠加态，变成了死，或者生，只能为二者之一。

观察的力量这么强大？看一眼就能引起猫的死亡或生存？确实，对于量子来讲，观察的力量就是如此强大。但需要明确的是，物理学中的"观察"和我们通常所理解的"观察"不尽相同。物理学中，一切观察皆是扰动，我们之所以看到物体，是因为有光照射在物体上，光子和物体作用后，反射光进入人眼而引起视觉。这个过程中，光子对被观察的物体产生了扰动。而我们生存的地球，时时处处都处于扰动当中，比如来自于地球环境的微弱辐射和宇宙的背景辐射。

2020 年，美国麻省理工学院与太平洋西北国家实验室（PNNL）联合发表的一项研究表明，来自建筑混凝土材料中的微量元素辐射和宇宙射线发出的低强度无害背景辐射，足以导致量子比特退相干。环境背景辐射其实一直在我们周围，穿透力极强，难以消除。它通常不会引起我们的注意，但量子比特遭遇它们时，则会发生退相干。此时，量子比特的完整性无法保证，量子计算能维持的时间也将大幅缩短，这会严重影响量子计算机性能。该研究也验证了有效屏蔽辐射是提高量子计算机性能的重要途径，例如将量子计算机转入地下，或者在地面建立有效减轻辐射的设施，或者重新设计量子比特以钝化它们对某些扰动的敏感程度。此外，还可以通过优化算法、改进纠错机制等方法从软件层面减少环境辐射带来的影响。

4. 量子计算机的未来

几十年前，人们无法想象日夜不停拨弄算盘百年，也不过如今一个小小芯片一秒的计算量。当我们使用手机或者电脑翻看文章时，或许也难以想象量子计算机的惊人算力在未来会对人类社会产生怎样翻天覆地的影响。正如加拿大量子物理学家舒希尼·高斯（Shohini Ghose）所说："You cannot build a light bulb by building better and better candles. A light bulb is a different technology, based on deeper scientific understanding."（通过制造越来越好的蜡烛来制造灯泡是不可行的，因为灯泡是一种基于更深入科学理解的不同技术。）

伴随着希望、困难、挑战和隐忧，我们期待有一天，手提箱中的量子计算机可以演算出整个宇宙。

参考资料

[1] Zhong H S, Wang H, Deng Y H, et al. Quantum computational advantage using photons [J]. Science, 2020, 370 (6523): 1460-1463.

[2] Google AI Quantum and Collaborators. Hartree-Fock on a superconducting qubit quantum computer [J]. Science, 2020, 369 (6507): 1084-1089.

[3] Wu Y L, et al. Strong quantum computational advantage using a superconducting quantum processor [J]. Physical Review Letters, 2021, 127: 180501.

[4] Antti P, et al. Impact of ionizing radiation on superconducting qubit coherence [J]. Nature, 2020, 584: 551-556.

第三节

数字化的世界

熊 瑛

当前，无论是企业、政府，还是科研单位，几乎所有的行业领域都在谈数字化、数字化转型、数字化升级，那么，到底什么是数字化，数字化对于我们每个人又有什么冲击和影响呢？

数字化概念出现在 20 世纪 50 年代。英语中的"digitize""digitization"来自拉丁文"digitus"和英文"digit"，是指将物体、图像、声音、文本或信号转换成数字格式的文件的过程。数字化的定义为：

① 将信息转换成数字（便于电脑处理，通常是二进制）格式的过程。

② 将一个物体、图像、声音、文本或者信号转换为一系列由数字表达的点或者样本的离散集合表现的形式。其结果被称作数字文件，或者更具体一点，数字图像、数字声音等。

③ 在现代实践中，数字化的数据通常是二进制的以便于计算机的处理，但严格来说，任何把模拟源转换为任意类型的数字格式的过程都可以叫作数字化。从上述定义可以看出，任何转化为数字格式的过程都叫作数字化。

数字化是每个人，每个组织，甚至每个物品都难以回避的趋势。在这个趋势下，整个世界都在从模拟世界向数字世界转变。我们的日常生活也被数字包围。

1999 年，马斯克创办 PayPal，在当时看来这是一种前所未有的支付方式，这是货币被数字化的标志，5 年后，90%的网上买卖通过它来完成。今天，电子支付和在线交易系统遍布世界的各个角落。美国金融管理学会全球副总裁布莱特·金在他的著述《Bank3.0》中写道："我们迎来的是支票和现金的灭亡，是银行实体的衰微，银行不再是一个地方，而是一个行为，我们需要的银行的服务是无处不在，随处提供。"

《Bank3.0》里描述的银行，已经豁然进入我们日常生活当中，藏身于你我的手机里，无时无刻不伴随左右了。

亚马逊开创了图书数字化的先河，2007 年，亚马逊推出 Kindle 电子书阅读器，这个产品彻底改变出版行业，一本电子书从撰写到发行，几乎不需要任何其他设备，除了一个

Kindle。Kindle从发布以来,每年的销量呈快速递增趋势。除此之外,Kindle还带动了电子书的销售。据统计,美国电子图书销售额至2015年已增长至28亿美元,而这些电子书的成本几乎为零。

对于个体而言,个人在数字化世界获得了新的身份——数字身份(digital identity)。数字身份简单地说是指用于描述和证明一个人的一组代码。借助于数字身份,人们可以在数字化世界证明"我是我,你是你"。数字身份不同于电子身份,传统的电子身份仅仅是身份信息的电子版,而数字身份与数字身份技术系统相关。通过引入生物识别技术和大数据等数字化技术给人"画像",以确认数字"我"和现实"我"是同一个人。常见的有银行系统、铁路和机场交通系统的身份识别或认证。身份识别可以为人们高效、安全地进行金融业务和通行带来极大的方便。曾经使用的健康码也是一种数字身份。网上的推送也是基于个人的数字身份:根据行为足迹、在网上的浏览习惯推断和分析某人的行为偏好,甚至其职业和工作场所。于是,一个人至少可以得出3种身份:①社会身份;②生物信息身份;③行为和心理的身份。这3种身份信息在大部分情况下都属于个人的私人信息,如果其他人需要获取这方面的信息,需要征得本人的同意。

数字化对社会的影响是多元的、全方位的。①数字化释放了巨大的生产力。大数据的采集、分析、应用进一步改变了生产模式和消费方式,并以此不断促进产业升级和发展。数据已经成为继自然资源和货币资本之后的核心生产要素。借助于数字化工具对生产与物资调配信息的及时收集与分析,可以使得各产业链、供应链上下游之间迅速完成信息交换,及时调整产销结构,合理配置资源。生产模式也变得多元化和灵活。消费方式的线上转移,为商品供应者了解消费者的实际消费需求和消费偏好,以及实施个性化的服务提供数据。②数字化在社会生活方面,包括在医疗、养老、教育和社会治理等方面都带来了巨大的改变。远程医疗和数字影像可以帮助远在山区的民众就医问诊,远程监护不仅可以及时帮助独居老人解决生活问题,还可以通过视频聊天缓解老人对儿女的思念之情。而对于交通困难的山村来讲,数字化有可能让山区的孩子也享受到优质的教育资源。

目前,数字化的重心已经从消费侧转移到生产侧和产业侧,比如工业生产、石油开采、农业种植等领域。

工业制造方面,从产品规划、工艺设计、加工、组装到试制、批量生产、销售的全过程;石油生产方面,从地质勘探、石油开采、提炼、加工到储存、输送、配送的全过程;农业种植方面,从园区规划、农资采购、设施搭建、种植、采摘、分拣、安检、物流配送的全过程,都在逐步、广泛而深入地实施数字化。

可以看出,数字化可以让我们掌握参与生产经营的人、物、环境等信息,然后可以借助对真实、完整信息的掌握,利用数据分析、人工智能等技术和工具,采取最为迅速、有效的应对措施。便捷高效的数字化生产如图1所示。

总结起来,只有借助数字化,才能了解人类社会和自然世界的过去和现在,也才能及时发现其中存在的问题,并形成对于未来发展趋势的预测和见解。

那么,有人也许会问,如果不实施数字化会怎样?为什么非要数字化呢?这个问题还是非常好回答的。以购物为例,如果能够在电商平台上采购,网购信息透明,还能配送到家,既省时又省力,是个很好的选择。从辩证法的角度看,世界是普遍联系和永恒发展

图 1　便捷高效的数字化生产

的，而通过对传感器和软件系统收集到的数据的分析，就能够揭示世界万事万物之间的普遍联系。数字化让世界万物之间的联系越来越紧密，同时也加速了世界发展。近半个多世纪以来，随着计算机的发明和信息通信技术的飞速发展，聪明的人类在现实世界之外构建了一个平行的虚拟数字世界，充分体现了世界是永恒发展的这一内在规律。数字化成为人类认识世界的新工具、新手段，必然会让人类逐步发展到一个更高的层次。

参考资料

[1]　杰奥夫雷·G. 帕克. 平台革命：改变世界的商业模式［M］. 志鹏，译. 北京：机械工业出版社，2017.
[2]　邹红军. 走出"数字洞穴"：数字化时代的生存隐忧与教育应对［J/OL］. 重庆高教研究，2023.

第四节

神奇的芯片

凌 云

（1）芯片、半导体、集成电路

近年来，"芯片""半导体"和"集成电路"这几个词汇频繁出现在我们的视野中，它们究竟是什么，相互之间又有什么联系？

集成电路（integrated circuit，IC）顾名思义，就是把一定数量的常用电子元件（如电阻、电容、晶体管等）以及这些元件之间的连线，通过半导体工艺集成在一起的具有特定功能的电路。芯片（chip）是半导体元件产品的统称，是集成电路的载体，由晶圆分割而成。严格来说，集成电路不等于芯片，但是我们日常生活中提到的芯片指的就是集成电路。

什么是半导体呢？半导体（semiconductor）是常温下导电性能介于导体（conductor）与绝缘体（insulator）之间的材料，例如最常见的二极管就是采用半导体材料制作而成的器件。常见的半导体材料有硅、锗、砷化镓等，其中硅是我们使用最多的半导体材料。半导体产品主要由集成电路、光电器件、分立器件以及传感器四个部分组成，由于集成电路占了半导体产品市场80％以上的份额，因此有些时候也将半导体和集成电路等价。

（2）初识芯片大家族

芯片拥有着一个庞大的家族，枝繁叶茂，种类繁多，我们可以通过不同的分类方式去认识它们。按照处理信号的不同可分为模拟芯片和数字芯片。模拟信号［图1(a)］是时间和振幅都连续的信号，比如声音、温度、速度等。数字信号［图1(b)］则是时间和振幅都离散的信号，如手机信号、宽带信号等。用来处理模拟信号的芯片就是模拟芯片，处理数字信号的芯片则是数字芯片。

按照不同的应用领域可将芯片分为民用级（消费级）、工业级、汽车级、军工级以及航天级。不同应用领域对于芯片的性能要求不一样，比如精度、功耗、温度范围、使用寿命等。

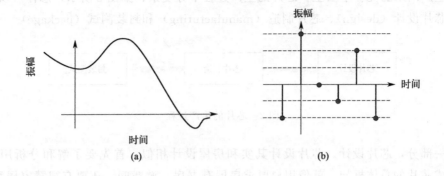

图 1 模拟信号（a）和数字信号（b）

按照芯片的功能可以将其分为 CPU、GPU、DSP、FPGA、ASIC、SoC 等等。

根据芯片内部包含的门电路或元器件数量，可将其分为小规模集成电路（small scale integration，SSI）、中规模集成电路（medium scale integration，MSI）、大规模集成电路（large scale integration，LSI）、超大规模集成电路（very large scale integration，VLSI）和特大规模集成电路（ultra large scale integration，ULSI），如表 1 所示。随着微电子工艺的进步，集成电路的规模越来越大，简单地以集成元件数目来划分类型已经没有多大的意义，因此目前常以巨大规模集成电路（giga scale integration，GSI）来统称集成规模超过 1 亿个元器件的集成电路，例如现在智能手机里的芯片基本都是巨大规模集成电路。

表 1 集成电路按规模分类

名称	门电路数量	元器件数量
小规模集成电路(SSI)	10 个以内	100 个以内
中规模集成电路(MSI)	10~100	100~1000
大规模集成电路(LSI)	100~10000	1000~10 万
超大规模集成电路(VLSI)	1 万~10 万	10 万~100 万
特大规模集成电路(ULSI)	10 万个以上	100 万~1000 万

按照生产芯片的工艺制程可以将其分为 28nm 芯片、14nm 芯片、7nm 芯片、5nm 芯片、3nm 芯片等。nm 是长度单位纳米，那它前面的数字是越大越好，还是越小越好呢？这个数字指的是互补金属氧化物半导体器件（CMOS）的栅长，可以理解成芯片的最小加工尺寸。数字越小，同样大小的芯片上就可以容纳更多的电子元件，性能也能够得到提升。与此同时，栅长越小，电流通过时的损耗会越小，芯片的功耗也就越低，使用起来就更加省电。举个例子来说，与 14nm 工艺相比，10nm 工艺可以减少 30% 的芯片尺寸，同时提升 27% 的性能，降低 40% 的功耗。当今比较先进的工艺制程是台积电和三星的 3nm 工艺，但良率并不高。

（3）芯片的诞生

在一块指尖大小的芯片内部，存在着上百亿个晶体管，让人忍不住好奇地问芯片究竟是如何生产出来的呢？事实上，芯片的生产过程十分复杂，如图 2 所示，总体可以分成三部分：芯片设计（design）、芯片制造（manufacturing）和封装测试（package）。

图 2　芯片的生产过程

第一部分，芯片设计。芯片设计其实和房屋设计相似，首先要了解和分析用户的需求，形成芯片的总体框架，就像用户要求房屋有书房、游戏间，还要有智慧家居系统等。然后制定具体方案，建立系统级架构设计，比如房子需要盖几层，每层有几个房间等。接着进行电路设计，利用硬件描述语言（hardware description language，HDL）来描述硬件电路的功能。硬件描述语言是一种计算机程序语言，能够描述电路、元件以及它们之间复杂的逻辑关系。这就像是设计房屋的建设数据，包括层高、过道宽度以及水电方案等。最后是物理实现，将上一步设计的电路变成晶体管电路，输出版图文件（图 3），就像设计师绘制出房屋的设计图纸。

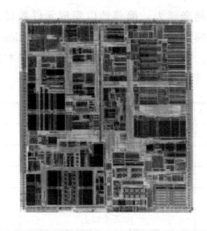

图 3　芯片设计版图

第二部分，芯片制造（图 4）。这是一段从沙子开始的奇妙旅程，复杂又神奇，快来了解吧。

① 沙子与碳在高温下进行置换反应，提纯、拉制成单晶硅棒，再切成一片片薄片，得到晶圆（wafer）。

② 对晶圆表面进行氧化，形成一层绝缘层，该层一方面可作为后期工艺的辅助层，另一方面可以协助隔离电学器件，以防止短路。

③ 把氧化后的晶圆表面旋涂一层光刻胶，随后对其进行曝光，再通过显影把芯片设计图形显现出来。

④ 用化学腐蚀或用等离子体轰击晶圆表面的方式进行刻蚀，光刻胶覆盖的位置被保护，没有覆盖的位置被刻蚀形成凹陷，从而实现电路图形的转移。

⑤ 离子注入和退火，激活晶体的电学性能。

离子注入是把杂质离子轰进半导体晶格中，使得晶格中的原子排列混乱或者变成非晶区。退火是将离子注入后的半导体放在一定温度下进行加热，恢复晶体的结构，消除缺陷，从而激活半导体材料不同的电学性能。

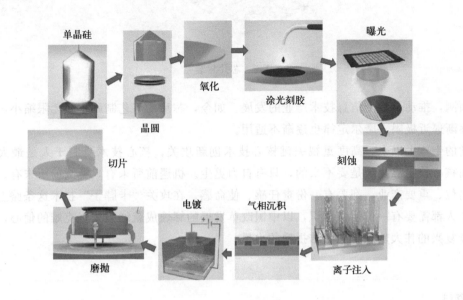

图4　芯片制造过程

⑥ 气相沉积和电镀，形成金属连线或绝缘层。其中，物理气相沉积用于形成各种金属层，连通不同的器件和电路，以便进行逻辑和模拟计算；化学气相沉积用于形成不同金属层之间的绝缘层；电镀则专用于生长铜连线金属层。

⑦ 用化学腐蚀和机械研磨相结合的方式对晶圆表面进行磨抛，实现表面平坦化。

⑧ 将晶圆背面减薄、切片，得到裸片。

值得注意的是，芯片制造的许多步骤需要循环几十次甚至上百次，才能够得到最终的芯片，其复杂程度就像是在指甲上建造一座城市。

第三部分，封装测试（图5）。为了能使芯片正常工作，首先需要使用金属导线将芯片上的连接点和引线框上的引脚进行连接。然后，将装配好芯片的引线框放置在模具中，再将封装材料加温注入模具，形成一层外壳。最后进行芯片测试，测试合格后，芯片就诞生啦。

1965年4月19日，时任仙童公司研究部主任的戈登·摩尔（Gordon E. Moore）在《电子学》（Electronics Magazine）杂志上发表名为"让集成电路填满更多的组件"的文章，预言半导体芯片上集成的晶体管数目将每年增加一倍，这就是著名的摩尔定律。为了使摩尔定律更为准确，在1975年的时候，摩尔又做了一些修改，将增加一倍的时间从一年调整为两年。后来，摩尔定律常被描述为：集成电路上可以容纳的晶体管数目大约每经过18个月便会增加一倍。摩尔定律并非物理学定律，而是描述产业化的定律，是对集成电路产业发展趋势的一种分析预测。在过去的几十年中，半导体芯片的集成化趋势一如摩

图 5 芯片封装

尔的预测，推动了整个信息技术产业的发展。如今，芯片的工艺制程不能无限缩小，工艺尺寸逐渐逼近极限，摩尔定律也逐渐不适用。

党的十八大以来，高度重视关键核心技术创新攻关，核心技术受制于人是最大的隐患，而核心技术靠化缘是要不来的，只有自力更生。机遇前所未有，挑战前所未有。所有关键岗位、重要产业，都要有一份责任感、使命感。在攻关"卡脖子"技术这条路上，我们每个人都需要有一份使命意识，以中国改革发展的辉煌成就增强攻坚克难的信心，以实现民族复兴的伟大梦想凝聚团结拼搏的力量。

参考资料

[1] 田民波. 图解芯片技术［M］. 北京：化学工业出版社，2019.
[2] 陈芳，董瑞丰."芯"想事成——中国芯片产业的博弈与突围［M］. 北京：人民邮电出版社，2018.

第五节

北斗系统

艾 勇

北斗卫星导航系统是中国自行研制的全球卫星导航系统，是全球四大卫星导航系统之一。卫星导航系统是导弹的"眼睛"、航空母舰的"舵手"、飞机的"领航员"，同时也被成功应用于测绘、电信、水利、渔业、交通运输、森林防火、减灾救灾等诸多领域，发挥了重要作用。图 1 为北斗卫星导航系统的标志。

图 1　北斗卫星导航系统标志

自二十世纪九十年代开始，我国启动北斗系统的研制，按"三步走"发展战略，先区域后全球，先后建成"北斗一号""北斗二号""北斗三号"系统，走出了一条中国特色的卫星导航系统建设道路。

第一步："北斗一号"，服务中国。

"北斗一号"系统建设自 1994 年正式启动，于 2000 年发射 2 颗地球静止轨道卫星，系统建成并投入使用。

2003 年 5 月 25 日，我国成功将第 3 颗"北斗一号"导航定位卫星送入太空，这颗卫星与2000年10月31日和12月21日成功发射的前两颗"北斗一号"工作星，组成了完整的卫星导航定位系统，可以确保全天候、全天时提供卫星导航信息。第3颗北斗卫星的发射升空，标志着我国成为继美国全球卫星定位系统（GPS）和俄罗斯的全球导航卫星系统（GLONASS）后，第三个在世界上建立了完善卫星导航系统的国家，实现了我国自主研发卫星导航系统的从无到有。

"北斗一号"卫星导航系统在2008年汶川大地震的抗震救灾工作中，发挥了重要的作用，在通信没有完全修复的情况下，救援部队利用"北斗一号"终端机，通过北斗特有的短报文信息功能，将前线的灾情和救援信息发回。"北斗一号"卫星为救灾指挥部精确地判定灾情、科学地制定救援指挥任务提供了最有力的支持。

目前，随着北斗系统"三步走"的战略推进，以上3颗"北斗一号"卫星已经全部退役。

第二步："北斗二号"，服务亚太地区。

有了"北斗一号"的成功经验，我国于2004年正式启动了"北斗二号"导航系统的研制，并于2007年4月14日成功发射了第1颗"北斗二号"卫星。由于2000年4月18日北斗和欧盟的伽利略系统同时申报，按照国际电联规则，必须在7年内成功发射卫星并接收相应频率信号，才能合法获得轨道位置和频率资源。而我国的这一颗卫星发射成功后，于2007年4月17日20时获取到回传信号，此时距离"七年之限"不到4个小时，保住了至关重要的频率资源。

随后，随着卫星发射技术长足的进步，仅2010年至2012年就成功发射了14颗"北斗二号"组网卫星，标志着我国的航空航天技术达到了世界先进水平。其中，在2012年4月30日，我国在西昌卫星发射中心用"长征三号乙"运载火箭，成功发射两颗北斗导航卫星，这是我国北斗卫星导航系统首次采用"一箭双星"方式发射导航卫星，也是我国首次采用"一箭双星"方式发射两颗地球中高轨道卫星。

2012年10月25日23时33分，我国在西昌卫星发射中心用"长征三号丙"运载火箭成功发射了最后一颗"北斗二号"卫星，"北斗二号"顺利组网。"北斗二号"卫星在为亚太地区全天候、全天时地提供高精度、高可靠性的定位、导航、授时和短报文服务，且从未发生过服务中断。

第三步："北斗三号"，服务全球。

随着我国航天技术的飞速发展和技术的日趋成熟，我国在建设"北斗二号"的同时，于2009年启动了"北斗三号"的建设。"北斗三号"立足于服务全球的宏大目标，经过8年的潜心研究和实验，全面突破了各项核心技术，完成了地面验证工作。

2017年11月5日19时45分，我国在西昌卫星发射中心用"长征三号乙"运载火箭，以"一箭双星"方式成功发射两颗北斗导航卫星。这两颗卫星也是"北斗三号"的第1、2颗组网卫星，这一刻标志着我国开启了北斗卫星导航系统全球组网的新时代。

从2018年至2020年不到三年的时间内，我国多次采用"一箭双星"的方式累计发射成功了17次，合计28颗"北斗三号"组网卫星。2020年6月23日9时43分，在西昌卫星发射中心，由"长征三号乙"火箭成功发射了最后一颗"北斗三号"卫星（图2），也是全球卫星导航系统最后一颗组网卫星，顺利地进入预定轨道，标志着"北斗三号"组网成功。

图 2 "长征三号乙"火箭成功发射"北斗三号"卫星

至此,"北斗三号"的 30 颗组网卫星全部到位,北斗将进入服务全球、造福人类的新时代。与"北斗二号"相比,"北斗三号"卫星从服务于区域地区扩大到全球范围,且进一步提高了精度和可靠性,"北斗三号"系统的定位精度、测速精度和授时精度均超越了美国的 GPS 系统,且卫星部件的国产化率达到了 100%,不在任何环节、任何部件上依赖进口,彻底杜绝了"卡脖子"的问题。

(1) 北斗卫星定位与导航的原理

北斗卫星发射测距信号和导航电文,导航电文中含有卫星的位置信息。用户接收机在某一时刻同时接收三颗以上卫星信号,测量出测站点(用户接收机)至三颗卫星的距离,解算出卫星的空间坐标,再利用距离交会法(从两个已知点测量至某一待测点的距离,然后根据这两段距离的交点确定该待测点,这种方法称为距离交会法)就可以解算出测站点的位置。整个过程就是三球交会定位原理在卫星导航领域中的体现。如图 3 所示。

① 用户测量出自身到三颗卫星的距离。
② 卫星的位置精确已知,通过电文播发给用户。
③ 以卫星为球心,距离为半径画球面。
④ 三个球面相交得两个点,根据地理常识排除一个不合理点即得用户位置。

(2) 北斗系统的优势

① 星座设计更加合理,其空间段采用三种轨道卫星组成的混合星座,与其他卫星导航系统相比高轨卫星更多,抗遮挡能力强,尤其在低纬度地区性能优势更为明显。
② 提供多个频点的导航信号,能够通过多频信号组合使用等方式提高服务精度。
③ 创新融合了导航与通信能力,具备基本导航、短报文通信、星基增强、国际搜救、

图3　三球交会定位示意

精密单点定位等多种服务能力,在信号不好的区域,例如山区、海洋等地,北斗的优势更为明显。

每个行业坚持走自主创新之路,必须以突破基础核心技术为关键。要紧紧围绕国家重大战略需求,坚持目标导向和问题导向,把提升原始创新能力摆在更加突出的位置,持之以恒加强基础研究与应用基础研究,努力实现更多"从0到1"的突破。

参考资料

北斗卫星导航系统官网。

第六节

观色识温——红外测温技术

沈 健

每个人都进行过体温检测。传统的水银或电子体温计均需直接接触人体皮肤或口腔，虽然具有测温准确的优点，但测量时间往往需要 3~5min，不仅降低了筛查效率，也增加了病毒的传播风险（图1）。

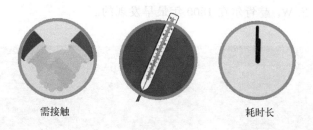

需接触　　　　　　　　　　耗时长

图 1　传统体温计的特点

红外测温仪进入了人们的视野，它也被称为"非接触式红外测温仪"。红外测温仪的种类多样，有机场、火车站等交通关口常见的热成像相机，也有与学校、办公楼等门禁系统相结合的测温仪，不过最常见的还是手持的便携式测温仪，它简便、快速、无接触，只需对着额头扫一扫即可快速获得体温数值，常被人们形象地称为"测温枪"（图2）。红外测温仪究竟是如何实现无接触检测体温的呢？这就要从"光"说起。

首先请大家想想，如果在没有灯光的漆黑夜间，冰冻的冰块、恒温的人体、烧红的金属，它们温度各不相同，你能看到哪些在发光呢？可能许多人会觉得答案是烧红的金属。其实真正的答案是都在发光。

在自然界中，所有物质的分子、原子中均包含带电粒子，而所有分子都在做着永不停息的热运动，这些带电粒子的热运动会导致物体不断地向外辐射出电磁波，我们将其称为热辐射。因为光在本质上就是电磁波，所以也可以说一切温度高于热力学零度的物体，都会不停地向外发出不同波长的光。

科学与生活

图2　测温枪

那为什么有的物体发光我们感觉不到呢？这是因为光按照波长或频率的变化可以分为可见光和不可见光两大类（图3）。可见光就是我们人眼能识别的红、橙、黄、绿、青、蓝、紫等不同颜色的光，其波长范围在780～380nm之间，其实它们只占所有光波范围的很小一部分。而红外光、紫外光、X射线等都属于不可见光，我们人眼并不能直接看到它们。其中红外光是波长介于微波与可见光之间的光波，波长范围在1mm到760nm之间，是由英国物理学家F. W. 赫胥尔在1800年最早发现的。

图3　光的分类

那为什么烧红的金属发出的光我们能看见，而人体和冰块发出的光我们却看不见呢？这可以用德国物理学家维恩发现的热辐射定律（图4）来进行解释，他也由此获得了1911年诺贝尔物理学奖。我们可以简单用两句话来概括这个原理：物体温度越高，辐射出的光的总能量越强，其峰值波长变短，向可见光（短波）方向偏移。物体温度越低，辐射出的光的总能量越弱，其峰值波长变长，向红外光（长波）方向偏移。红外光属于不可见光，我们当然也就看不见了。

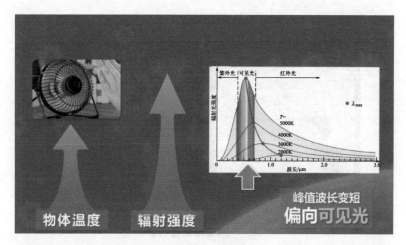

(a) 峰值波长变短

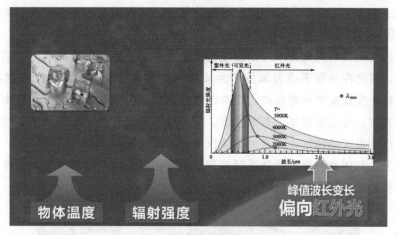

(b) 峰值波长变长

图 4　热辐射定律

红外测温技术也是利用了这一原理。人体体温大约在 37℃，人体也是一个热辐射源，由于体温相对并不高，主要发出的是红外光，不同体温发出的红外光的能量强度会有所差别，红外光通过红外测温仪中的探测器光学系统汇聚在光电传感器上，转变为不同强度的电信号，再经过信号放大处理电路校准后，最终在屏幕上显示出体温值。整个过程不到 1s，安全快捷地提高了筛查效率。

有人可能会问使用测温枪会不会对人体有害？答案当然是不会，根据前面介绍的红外测温枪原理即可知道，测温枪并没有对人体发射任何辐射，只是被动地接收人体发出的红外光，因此不会对健康有任何影响。测温枪测温示意图如图 5 所示。

红外测温技术不仅仅在体温检测中发挥着重要作用，而且在其他领域也大有作为（图 6）。

天文学中，利用红外测温技术能测量遥远恒星的温度。由于不同恒星表面的温度不同，因此发光的颜色也有所区别。比如在星空中，天狼星 A 发出蓝白色光，其表面温度可高达

科学与生活

图 5　测温枪测温示意

10000℃以上；我们最熟悉的太阳主要发出橙黄色光，其表面温度为 5000～7000℃；以猎户座参宿四为代表的红超巨星主要发出红光，其表面温度只有 2000～4000℃。

工程上，利用红外测温技术可以发现管线上肉眼无法看到的泄漏点。如果地暖漏水或者电线漏电，将会在地板下或者墙体产生局部温度异常区域。只要用红外测温仪进行探测，就可以轻松发现温度异常点进行精准维修，再也不用撬开所有地板和墙体了。

发生灾害时，可能废墟里仍有幸存者，需要尽快得到救援，而利用使用红外测温技术的生命探测仪能最快地确定幸存者的具体位置，从而进行救援。

在军事上，利用红外测温仪能及时发现黑夜复杂背景中的敌军或军事装备，及时给予警报，并能精确定位打击敌人。

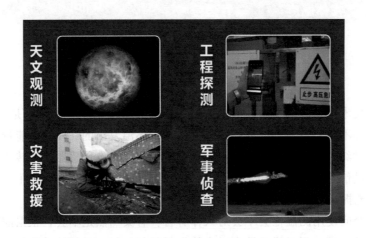

图 6　红外测温技术的应用

中国有句成语叫"炉火纯青"，其实已经包含了热辐射原理。在古代烧制青铜器或者瓷器的工匠们没有可以直接测量炉火温度的温度计，为了把握火候，工匠们只能通过长年累月的观察、实验，归纳总结出宝贵的经验。当炉中的火焰还呈现出红色时，因为红光的波长较长,说明炉内温度相对较低;当炉中火焰颜色呈现出青蓝色时,因为青蓝色光的波长较短,说明炉内温度相对更高了。我们用这个成语来表达某一项技能达到了纯熟完美的境界,同时也说明了物理学原理来源于实验观察,成就于归纳总结。

参考资料

[1] 施翔,金麟. 红外测温技术在变电运行中的应用 [J]. 电子技术,2023,52(11):96-97.
[2] 陈定辉. 论红外测温技术在变电运行中的应用 [J]. 广东科技,2012,23:84.

第二章

化学与材料

第一节

二氧化碳与北京冬奥会的冰雪奇缘

许倍滔　杨海健

2022年北京冬奥会的冰雪盛宴让我们难以忘怀。欣赏比赛的同时,您是否了解过,运动员脚下的冰面竟是利用二氧化碳为媒介制作出来的。

二氧化碳不是导致全球变暖的温室气体吗？温室气体还能够制冰？不错,正是如此！众所周知,小到家用冰箱,大到商业冷库,所有制冷活动的核心都是制冷机。制冷机主要由压缩机、冷凝器、膨胀阀、蒸发器四个部分组成,其中的关键物质就是制冷剂。

早在100多年前,欧洲刚出现蒸气压缩式制冷技术时,二氧化碳就因其简单易得、价格低廉而作为制冷剂使用了,但随着人工合成制冷剂技术的发展,拥有高临界温度、易液化等特性的人工制冷剂应运而生,并逐渐将 CO_2 取代,其中最具代表性的人工制冷剂为氟利昂,被广泛应用于空调制冷领域。不过,到了二十世纪七八十年代,各国开始意识到臭氧层破坏和温室效应这两个重大环境问题与人工制冷剂氟利昂有关,纷纷对其进行进一步改进。尽管新一代制冷剂对臭氧层的破坏性大大降低,但仍会强烈加剧温室效应,这样一来二氧化碳这个"元老级"的制冷剂又回到了人们的视野当中。制冷剂的发展历史如图1所示。

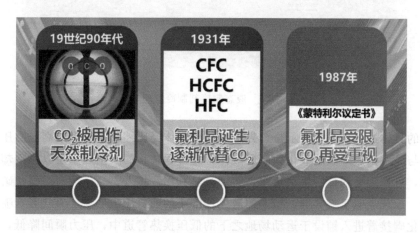

图1　制冷剂的发展历史

二氧化碳作为大气组分之一，不会对臭氧层产生破坏。二氧化碳虽是温室气体，其温室效应却远低于其他人工制冷剂，其温室效应只有人工制冷剂的千分之一甚至万分之一（图2）。因此，在制冷剂领域，它被冠以"环保"的头衔。

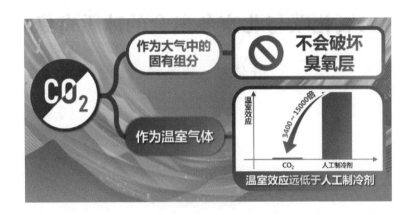

图2 二氧化碳制冷剂的优势

2022年北京冬奥会的冰面制作使用的正是二氧化碳直冷制冰技术。我们知道，喷完酒精后的皮肤会十分凉爽，这是酒精汽化吸热所致。而二氧化碳直冷制冰技术的制冷原理与之类似，就是利用液态二氧化碳汽化时吸热使环境温度降低这一原理。液态制冷剂的制冷原理如图3所示。

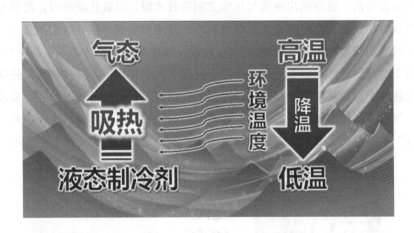

图3 液态制冷剂制冷原理

制冰的具体过程如图4所示。首先二氧化碳气体经压缩机压缩形成高温高压气体，再经冷凝器与冷水换热降温后液化为高压液体，此过程转移的大量热量足以将冷却水加热至65℃左右，可作为运动员的生活热水，实现余热利用。接着，高压液态二氧化碳经膨胀阀节流降压，原理类似于喷雾剂，瓶中的液体经细小的喷口压出后便会以气雾状喷出。气雾状的二氧化碳接着进入铺设于运动场地之下的低压换热管道中，压力瞬间降低，导致二氧化碳迅速汽化，此过程吸收大量热量，使运动场地的表面温度急剧下降。此时只要在场地表面重复且均匀地喷洒上超纯水，水就可以瞬间凝结成冰。多次喷洒后，就能使冰面达到比赛要求的厚度了。汽化后的二氧化碳将再一次进入压缩机中，进入下一轮循环。

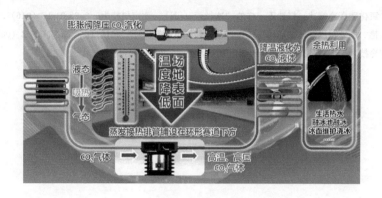

图4　二氧化碳直冷制冰技术

相比于传统制冰技术，二氧化碳直冷制冰技术具有能效高、碳排放低、节约电能等优点，可谓是节能又环保。

此外，二氧化碳直冷制冰技术还具有温度控制准、冰面质量优、制冰效率高等优势。产出冰面质量优秀，助力运动员们冲击世界纪录，堪称史上"最快冰面"。

自主创新永无止境，冰雪传奇再创新篇。以冬奥盛会为新的起点，加强科技攻关，推动科技成果产业化，定能让冬奥科技更好地为全民共享，让创新引领更美好的未来！

蒸气压缩式制冷是以制冷剂为媒介，在压缩机、冷凝器等电力设备的作用下，起到制冷或是制热的作用。压缩机工作时，对进入压缩机的制冷剂气体进行压缩，管内压力随之升高，气体因压缩而升温。进入冷凝器后，从压缩机排出的高温高压气态制冷剂被冷却同时放热使温度降低，随后，气态制冷剂变成高压液态后进入膨胀阀进行节流膨胀，压力降低以保证冷凝器与蒸发器之间的压差。此时液体在低压环境中汽化并从周围介质（如空气、水或其他物质作为热交换的媒介）吸收热量。制冷剂蒸发吸热，呈低压气态后再进入压缩机内进行压缩，完成一个制冷循环，如此不断循环从而达到制冷的目的。

蒸气压缩式制冷具有多个优点。第一，制冷温度范围比较大，在-150℃的温度下都可以正常使用。第二，单机的容量大，规格多，有多个容量，用户可以根据自身的需求来挑选，能满足个性化的需求。第三，中小容量的设备结构比较紧凑，能在空调、食品冷藏等领域当中使用。但是，在外界环境温度比较低的状况下，蒸气压缩式制冷综合性能不太理想，因此可靠性并不是很高，成本也会增加不少。此外，设备运行需要使用专门的制冷剂，而有的制冷剂如氟利昂等会造成环境污染。

二氧化碳制冷的原理与上述原理类似，只是制冷剂为二氧化碳。相比其他人工制冷剂更加环保，在设备上，压缩机及管道等组件的抗压能力根据二氧化碳的液化条件进一步提高，换热过程不再需要载冷液体作为中间媒介，而是二氧化碳蒸发时的吸热过程直接与外界空气进行热交换，大大提高了换热效率，降低了能量损耗，有利于维持环境温度的稳定性。

参考资料

[1] 王雪莹. 二氧化碳直冷制冰：打造不一样的"冰丝带"[N]. 北京科技报，2022-01-17（016）.
[2] 陈曦，刘晓艳. 二氧化碳快速"造冰"技术打造"最快冰面"[N]. 科技日报，2022-02-08（002）.
[3] 李永安. 制冷技术与装置[M]. 北京：化学工业出版社，2010.

第二节

皮克林乳液

李覃

1. 传统乳液

我们每天都会与乳液打交道，例如，早餐喝的牛奶，做蛋糕用的黄油，洗澡用的沐浴露，护肤用的乳霜等，本质上都是乳液体系。乳液（emulsion），是由两种不相混溶的液体所构成的分散系统，其中一种液体以极小的液滴形式分散在另一种液体中（图1）。通常，其中一种液体是水或水溶液，另一种则是与水不互溶的有机液体，一般统称为"油"。当油分散在水中，所形成的乳液称为水包油型乳液（oil in water emulsion），用符号O/W表示，反之，则称为油包水型乳液（water in oil emulsion），用符号W/O表示。乳液类型与多种因素有关，包括油和水相的性质、油水体积比、乳化剂和添加剂的性质、温度等等。

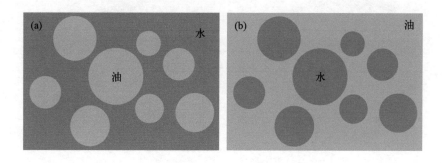

图1 水包油型乳液（a）和油包水型乳液（b）

需要注意的是，不管形成何种类型的有一定稳定性的乳液，都要有乳化剂存在，否则，通过振荡相互分散的油水体系静置后很快又会分成两层。乳化剂（emulsifying agent）的作用在于使由机械分散所得的液滴不相互聚结（图2）。乳化剂的性质对所形成乳液的类型有决定性作用。传统乳化剂可以是天然产物分子，如蛋白质、树胶、皂素、磷脂等，也可以是人工合成的两亲性表面活性剂分子，分为阴离子型、阳离子型或非离子型。

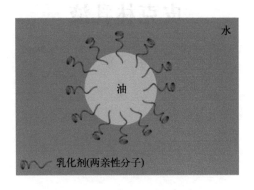

图 2　乳液中用于稳定水油界面的乳化剂

2. 皮克林乳液

1907 年，一位名叫皮克林（S. Pickering）的英国化学家发现，表面具有两亲性的胶体尺寸的固体颗粒也可以起到乳化剂的作用，自发地排布在水油界面上，形成热力学稳定微胶囊，所得到的乳液体系被称作皮克林乳液（图 3）。与传统乳液相比，皮克林乳液具有较高的热力学稳定性、较少的乳化剂用量、颗粒可选种类较多、制备工艺简单、易于工业化等优点，可广泛应用于微分离器、微反应器、载药和药物缓释、制备复合大孔材料、催化体系等。

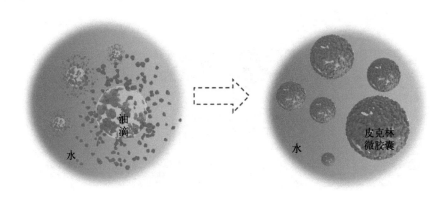

图 3　由固体颗粒稳定的皮克林乳液形成示意图

根据芬克（Finkle）准则，作为乳化剂的颗粒的表面两亲性决定了乳液的类型，如图 4 所示。当两亲性固体颗粒表面的亲水性略大于亲油性时，将形成水包油（O/W）型皮克林乳液；反之，则将形成油包水（W/O）型皮克林乳液；若颗粒表面呈强亲水性或强疏水性时，则不能稳定皮克林乳液。

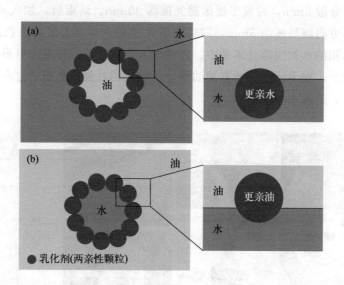

图 4　水包油型（a）和油包水型（b）皮克林乳液

在沐浴露等传统乳液中，是由两亲性分子表面活性剂来分散液滴，但是在皮克林乳液中，是由两亲性颗粒来作为乳化剂。正是两亲性颗粒，让皮克林乳液具有比传统乳液更多的功能和更广的应用前景。例如，将传统洗洁精中的两亲性分子替换成颗粒，做成皮克林乳液型洗洁精，将具有更好的去污效果和更环保的优点；若采用能够吸收紫外线的颗粒制成皮克林乳液，则可以制作多功能防晒霜等化妆品；在食品中，皮克林乳液可作为脂肪替代品，代替黄油进行烘焙；当用光催化剂颗粒制作皮克林乳液，则可以在污水净化领域大显身手。具体地，采用二氧化钛（TiO_2）纳米颗粒和印染废水中的染料做皮克林乳液，在太阳光的照射下，可以观察到染料发生了明显的褪色，这是因为TiO_2是一种光催化剂，可以在光照下产生氧化活性物种，将染料分子氧化降解，从而净化水环境。此外，皮克林乳液还在医药行业、制造业、工业传感等方面具有应用价值和发展前景，是当今的研究热点。

在皮克林乳液中用来稳定水油界面的乳化剂，是表面具有两亲性的胶体尺寸的固体颗粒。所谓胶体尺寸固体颗粒，指的是至少在一个维度上的粒径范围在1～100nm的颗粒。通过现代纳米技术可以轻松合成各种形貌的胶体颗粒。然而，多数胶体颗粒本身呈现亲水性或疏水性，需要通过表面修饰方能具备一定的两亲性。下面就以染料分子修饰亲水性TiO_2纳米颗粒为例，介绍一种在实验室中制备皮克林乳液的方法，并通过显微镜观察、接触角分析等手段，对皮克林乳液的微观结构和形成原理进行阐述。

（1）皮克林乳液的制备方法

在实验室中配制皮克林乳液的过程如图5所示。需要准备的材料有：一定浓度的磺酸基偶氮染料水溶液（水相），液体石蜡（油相），TiO_2粉末（胶体颗粒）。以染料橙黄G

为例，具体配制过程为：称取 30mg TiO_2 粉末置于容器中，加入 30mL 橙黄 G 染料溶液中，混匀后超声分散 5min，再置于摇床避光振荡 30min。结束后，加入 6mL 石蜡油，盖上盖子，沿上下方向剧烈摇动 5min，即完成乳化过程。容器上层乳白色液体即为皮克林乳液。在一定体积的水和油混合体系中，需要加入合适质量的粉末方可形成理想的皮克林乳液。若粉末过少，则无法包覆所有的油滴，使得油相过量；若粉末过多，多余的粉末则会分散在水相中，造成水相浑浊。

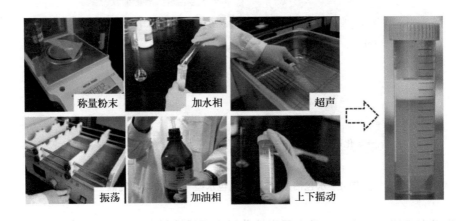

图 5　皮克林乳液制备流程

（2）皮克林乳液的表征分析

在实验室中，可以采用光学显微镜直接观察皮克林乳液的微观形貌。将乳液滴加到载玻片上，在光学显微镜下观察，可以看到许多稳定的液泡，它们的直径在数十微米。因为液泡表面颗粒很小，光可以透过它们，所以液泡看上去是透明的，如图 6 所示。

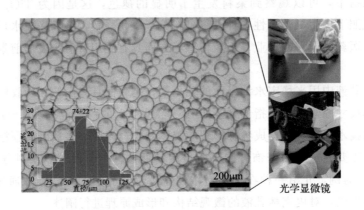

图 6　光学显微镜下皮克林乳液的液泡照片

如图 7 所示，当用荧光染料分别标记 TiO_2 颗粒、水相和油相时，在荧光共聚焦显微镜下可以看到，荧光剂标记的 TiO_2 纳米颗粒呈现球状，证明光学显微镜下透明的液泡表

面确实包裹着一层 TiO_2 颗粒。然后，用水溶性的钙黄绿素标记水相，发现液泡外的液体显绿色，再用尼罗红标记油相，发现液泡内显红色，这说明油相位于水相内部，所形成的是水包油型皮克林乳液。

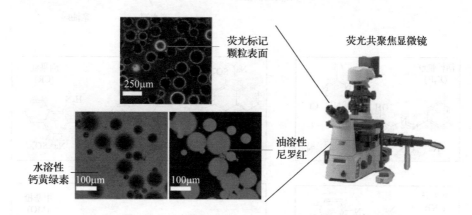

图 7　荧光共聚焦显微镜下皮克林乳液的照片

分别将 TiO_2 粉末和修饰染料分子之后的 TiO_2 粉末压成薄片，利用接触角仪测量接触角，可以看到，纯 TiO_2 接触角小于 10°，说明其具有超亲水性，而染料修饰后接触角明显增大至 40°（图 8），这说明颗粒具有了一定两亲性，充分满足作为皮克林乳液乳化剂的条件。

图 8　染料修饰前后 TiO_2 颗粒的接触角

（3）皮克林乳液的形成原理

在上述实验中，TiO_2 粉末本身属于强亲水性颗粒，在与染料水溶液充分混合后，却可以作为皮克林乳液的乳化剂，这是因为磺酸基偶氮染料分子具有亲水基团和疏水基团并存的特质，就像一个头部亲水、尾部亲油的小蝌蚪，该染料分子通过亲水的头部与亲水性 TiO_2 纳米颗粒相连，露出亲油的尾部，则赋予 TiO_2 纳米颗粒一定的两亲性（图 9），这就使得它可以直接乳化染料水溶液（水相）和不相溶有机溶剂液体石蜡（油相），从而构建稳定的皮克林乳液。

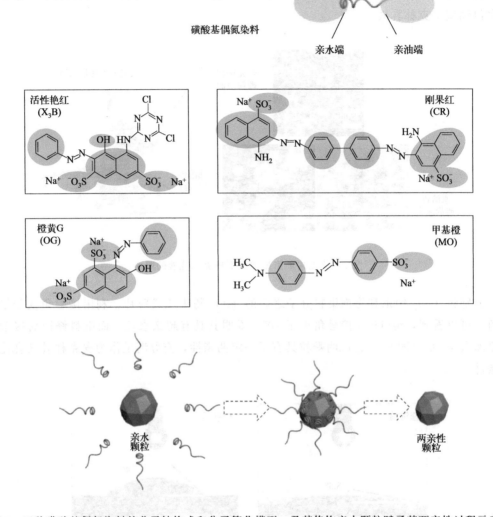

图9 四种磺酸基偶氮染料的分子结构式和分子简化模型,及其修饰亲水颗粒赋予其两亲性过程示意图

在生活中,是否也可以获得皮克林乳液呢?只要善于思考与发现,答案是肯定的。在日常生活中,淀粉、粉笔灰、化妆散粉等微细粉末,均属于胶体颗粒尺寸范畴,而植物蔬果提取色素、人工合成染料等,也均能想办法获取。例如,用市场上可以买到的钛白粉作为乳化剂颗粒,用花生油作为油相,用彩虹糖糖衣溶化提取出来的色素作为染料分子,即可在家中体验到皮克林乳液的制作过程(图10)。这是因为钛白粉成分即为 TiO_2,花生油与水不互溶,可作油相,彩虹糖所用色素,如日落黄、诱惑红等,均属于磺酸基偶氮染料,均符合上述实验条件。当然,生活中还有其他原料,等待公众的发掘。不同原料所适用的油、水、颗粒配比不同,需要人们通过科学的实验设计,摸索最佳配比,使得水相澄清,油相全部变成乳液相。相信,具有好奇心和探索精神的你,一定可以亲手制备出一种专属于自己的皮克林乳液!

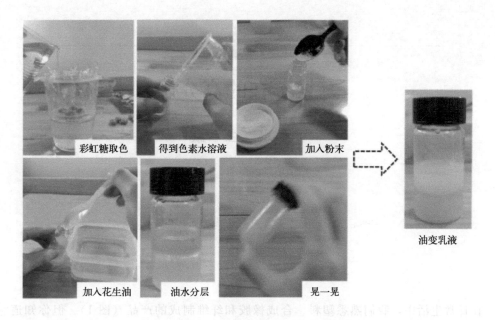

图 10　用生活可取材料制备皮克林乳液

参考资料

[1] 傅献彩，沈文霞，姚天扬，等. 物理化学 [M]. 5 版. 北京：高等教育出版社，2012.
[2] 陈凤凤，陶胜男，龚穗菁，等. 化妆品乳液及乳化新技术（Ⅰ）——皮克林乳液的基本原理及其在化妆品中的应用 [J]. 日用化学工业，2021，51：89-97.
[3] Li Q, Zhao T T, Li M, et al. One-step construction of Pickering emulsion via commercial TiO$_2$ nanoparticles for photocatalytic dye degradation [J]. Applied Catalysis B-Environmental, 2019, 249：1-8.

第三节

无处不在的高分子

李 琳　王 献

在日常生活中，我们熟悉塑料、合成橡胶和纤维制成的产品（图1）。但你知道它们都是高分子（也称为聚合物）吗？

(a) 塑料

(b) 橡胶

(c) 纤维

图1　塑料、橡胶、纤维产品

高分子化合物，简称高分子，又称高分子聚合物（高聚物），一般指分子量高达几千到几百万的化合物。高分子化合物的分子比低分子有机化合物的分子大得多。一般有机化合物的分子量不超过1000，而高分子化合物的分子量可高达 $10^4 \sim 10^6$，它们的分子往往都是由特定的结构单元通过共价键多次重复连接而成。同一种高分子化合物的分子链所含的链节数并不相同，所以高分子化合物实质上是由许多链节结构相同而聚合度不同的化合物所组成的混合物（图2），其分子量与聚合度都是平均值。

由于高分子化合物的分子量很大，常温下常以固态或液态存在，在物理、化学和力学性能上与低分子化合物有很大差异。固态高聚物按其结构形态可分为晶态和非晶态。前者分子排列规整有序，而后者分子排列无规则。大多数的合成树脂都是非晶态结构。如今作为材料使用的大量高分子化合物，是先以煤、石油、天然气等为起始原料制得低分子有机化合物，再经聚合反应而制成的。这些低分子化合物称为"单体"，通常将聚合反应分为

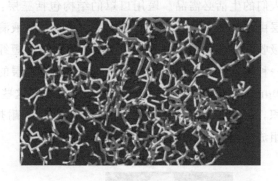

图 2 高分子化合物

加成聚合和缩合聚合两类。

按性能不同,可把高分子分成塑料、橡胶和纤维三大类。塑料按其热熔性能又可分为热塑性塑料和热固性塑料两大类。前者为线形结构的高分子,受热时可以软化和流动,可以反复多次塑化成型。后者为体形结构的高分子,一经成型便发生固化,不能再加热软化,不能反复加工成型。纤维又可分为天然纤维和化学纤维,后者又可分为人造纤维和合成纤维。人造纤维是用天然高分子(如竹、木、毛发等)经化学加工处理、抽丝而成的;合成纤维是用低分子原料合成的。纤维的特点是能抽丝成型,有较好的强度和挠曲性能,作为纺织材料使用。橡胶包括天然橡胶和合成橡胶。橡胶的特点是具有良好的高弹性能,可作为弹性材料使用。

聚乙烯(PE)是世界上使用最广泛的塑料(图3)。它由重复亚甲基($-CH_2$)组成,通过乙烯的加成聚合合成。聚乙烯主要分为两种类型:低密度聚乙烯(LDPE)通常被称为高压聚乙烯,它是一种低密度和非常柔软的材料,因此主要用于塑料袋和薄膜;高密度聚乙烯(HDPE)通常称为低压聚乙烯,与低密度聚乙烯相比,具有耐高温、耐油、耐环境应力开裂等优点。它们通常用于成型和其他领域。

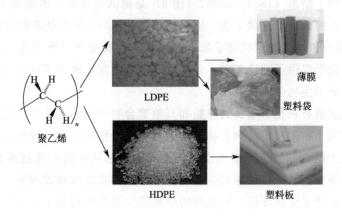

图 3 聚乙烯的应用

科学与生活

口罩如今已成为人们的生活必需品。医用口罩的结构包括三层：外层由无纺布制成，以防止液体飞溅；中层由熔喷布制成，是核心功能层，用于过滤液滴、微粒或细菌；内层也由无纺布制成，以吸收水分。无纺布是直接使用聚合物碎片、短纤维或长丝通过气流或机械形成网而织成的一种特殊的布。口罩的核心材料是中间过滤层的熔喷无纺布，由聚丙烯制成直径为 $0.5\sim10\mu m$ 的十字形和无规则的层压纤维材料。这些独特的毛细纤维增加了纤维的数量和表面积，因此，熔喷布具有良好的过滤、屏蔽、耐热绝缘和吸油等特性。口罩的结构及原材料组成如图4所示。

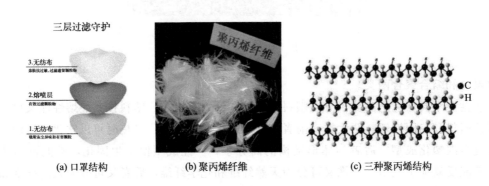

(a) 口罩结构　　(b) 聚丙烯纤维　　(c) 三种聚丙烯结构

图4　口罩的结构及原材料组成

高分子的应用极为广泛，遍及人们的衣、食、住、行和各种尖端行业。随着功能聚合物的出现，合成聚合物的应用已发展到更为复杂的水平，不仅促进了工业和农业生产，而且在探索生命奥秘和疾病治疗方面也起着重要作用。如利用高分子调节水分的蒸发和散失以改良土壤，绿化沙漠，扩大耕地，控制生态体系、促进粮食增产；制取高转化率的光电池，用以分解水制氢和氧；用作燃料电池和化工原料等。但是，聚合物容易燃烧和老化，不容易降解，不被细菌分解，不被土壤吸收，迫切需要开发可以在自然环境中降解而不引起污染的新型聚合物。

赫尔曼·施陶丁格尔（1881—1965）（图5）是德国化学家，他证明了高分子的存在，并将其描述为聚合物。由于这项工作，施陶丁格尔于1953年获得诺贝尔化学奖。施陶丁格尔是20世纪最有影响力的有机化学家之一，被称为高分子（聚合物）之父，他的开创性工作为高分子化学提供了理论基础，并为现代塑料的发展做出了巨大贡献，对聚合物的研究最终促进了分子生物学的发展。

但当时，大多数有机化学家认为橡胶和其他聚合物是由通过非共价键结合在一起的小分子组成的。施陶丁格尔提出，聚合物实际上是由共价键结合在一起的大分子，这一观点遭到许多权威人士的抵制。尽管遭到质疑，施陶丁格尔还是决心通过实验证明自己的观点。他进行了一系列实验，以加深对聚合物化学性质和物理性质的理解。他从甲醛和苯乙烯合成聚合物，收集了更多证据。同系列的甲醛衍生聚合物跨越了分子大小的范围，从小分子到大分子。

施陶丁格尔得出结论，聚合物是通过共价键形成重复单元的大分子，其末端具有特征官能团。在不同反应条件下制备的聚苯乙烯聚合物具有不同的分子量和物理性能。马克博

图 5　赫尔曼·施陶丁格尔

士和迈耶博士用 X 射线探测了结晶聚合物的结构，发现聚合物确实是由共价键连接重复单元的长链分子，验证了施陶丁格尔的观点。现在，我们知道聚合物是由一系列相同的小单元组成的，如图 6 所示。

图 6　聚合物结构

　　正是由于施陶丁格尔的出色工作和坚韧不拔的科学精神，才得以创建"高分子科学"这一学科。塑料、合成纤维、合成橡胶三大合成材料的诞生，缓解了地球自然资源日益枯竭的问题。施陶丁格尔有句名言："我站在科学道路上，我别无选择。"

参考资料

王献，李琳. 走近诺贝尔化学奖. 中国大学慕课网/学堂在线国际课程平台，2020.

第四节
表面活性剂的奥秘

黎永秀

病毒是由核酸分子（DNA 或 RNA）与蛋白质构成的非细胞型，靠寄生生活的微生物。病毒可以感染几乎所有具有细胞结构的生命体，是威胁人类及其他物种生命健康的重要病原体之一。随着科学技术的发展和进步，人们对病毒的认识也不断深入，目前已发现的病毒有 5000 多种。严重急性呼吸综合征（SARS）、中东呼吸综合征（MERS）、新型冠状病毒感染（COVID-19）都是由不同类型的冠状病毒引起的人类呼吸系统的疾病。然而，除了已绝迹的天花病毒，人们迄今还没有直接有效的医学手段能够根治病毒感染引发的疾病。因此，预防病毒感染就成了安全防疫的重要手段，包括勤洗手、戴口罩、多通风、不聚集等。洗手对保持卫生和预防疾病具有重要作用，餐前便后洗一洗，外出回家洗一洗。那么，为什么洗手能预防病毒感染呢？问题的答案就在于香皂或洗手液等洗涤剂。洗涤剂的有效成分是表面活性剂，可以清除病毒。

表面活性剂（surfactant）是指在较低浓度时即可显著降低溶液表面张力的物质。表面活性剂的分子结构具有两亲性，像一根火柴（图1）。火柴头为极性基团，如羧酸、磺酸、硫酸、氨基或胺及其盐、羟基、酰氨基、醚键等。溶剂水分子也具有极性，根据相似相溶原理，极性的火柴头具有亲水性，可溶于水中。火柴杆为非极性基团，常为 8 个碳以上烃基，不亲水而亲油，具有疏水性或亲油性。当两亲性的表面活性剂分子溶解在水中时，倾向于分布在溶液表面，亲水基向下指向水，疏水基向上指向空气，使其在溶液表面定向排列（图2），这种分布方式有助于降低系统的表面自由能，提高其热力学稳定性。表面活性剂也正是由此得名。

例如，在一杯水中加入少量油，因为水是极性分子，油是非极性分子，根据相似相溶原理，油、水不能互溶。另外，油比水轻，两者分层后，油在上面水在下面。加入少量洗涤剂并搅拌，我们会发现油溶解在水中。这是因为表面活性剂的两亲性结构，使其倾向于分散在油/水界面，亲油端插入油中，把油包裹起来，形成胶束，亲水端一致向外，表面呈现亲水性，因此能够很好地溶解在水中。这就是表面活性剂的去污作用。

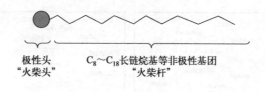

图1　十二烷基硫酸钠表面活性剂示意图

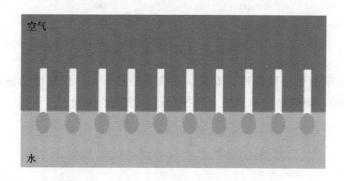

图2　表面活性剂在水面的排列方式

冠状病毒颗粒一般呈不规则球形，直径为60～220nm，其表面有一层磷脂包膜，膜上有刺突蛋白（图3）。病毒颗粒的表面结构使其很容易黏附在皮肤表面，只用清水洗手时，病毒很难被清洗掉。如果用洗涤剂洗手，表面活性剂会吸附在病毒表面，将病毒包裹起来，使其更容易溶解在水中，从而被流水冲洗掉。

另外，因为表面活性剂分子与形成包膜的磷脂分子具有相似的两亲性结构，它们都有一个疏水性的火柴杆（图4）。只是两者的疏水强度不同，表面活性剂具有更强的疏水性，这个差异足以让表面活性剂分子入侵病毒包膜，破坏包膜结构，致使其包膜结构解体。

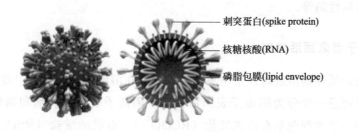

图3　冠状病毒颗粒结构图

此外，人的手部具有较多的皮肤褶皱，使得病毒有许多藏身之所，即便使用洗涤剂洗手，也不易彻底清洗。因此，要使表面活性剂产生最佳效果，我们需要按照"搓手掌、洗手背、擦指缝、扭指背、转大弯、揉指尖、转手腕"的七步洗手方法（图5），反复搓洗

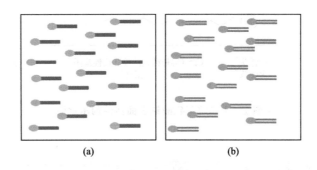

图 4 表面活性剂分子（a）和磷脂分子（b）结构示意图

至少 20s，这样方能有效清除病毒。养成认真洗手的习惯，不仅能清洁油污还能有效地切断病毒的传播途径，降低患病的风险，守护自己和家人的健康。

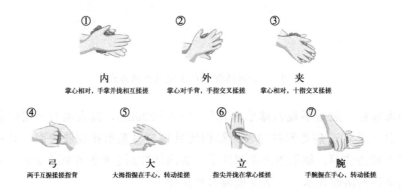

图 5 七步洗手法

表面活性剂是一个大家族，种类繁多。根据分子结构特点，可以将表面活性剂分为离子型表面活性剂（包括阳离子表面活性剂、阴离子表面活性剂、两性离子表面活性剂）、非离子型表面活性剂等。

（1）离子型表面活性剂

离子型表面活性剂溶解时以带电离子形式分散在溶液中，在生活中最为常见。根据离子的电性，又可进一步分为阴离子表面活性剂、阳离子表面活性剂和两性离子表面活性剂。阴离子表面活性剂包括有机羧酸盐（$RCOO^-$）、有机磺酸盐（RSO_3^-）、有机硫酸酯盐（$ROSO_3^-$）和有机磷酸酯盐（$ROPO_3^-$）等，其中 R 为非极性的烃基等有机基团。阳离子表面活性剂主要包括不同的有机胺盐，如伯胺盐（RNH_3^+）、仲胺盐 [$R(Me)NH_2^+$]、叔胺盐 [$R(Me)_2NH^+$]、季铵盐 [$R(Me)_3N^+$]，其中 Me 为甲基。两性离子表面活性剂是指其分子结构中同时含有阴离子和阳离子基团，包括氨基酸型（$RNH_2^+CH_2CH_2COO^-$）、甜菜碱型 [$R(Me)_2N^+CH_2COO^-$] 和磷脂型。磷脂是构成细胞膜和其他生物膜的主要成分，包括磷酸甘油酯和鞘磷脂两类。磷酸甘油酯主链是甘油（丙三醇），甘油的两个羟基与脂肪酸（如饱和的棕榈酸或不饱和的油酸）酯化，第三个羟基与磷酸酯化，磷酸部分又可与胆碱或乙醇胺等其他小分子基团连接，构成磷脂酰胆碱〔卵磷脂，$CH_2(OCOR)\text{-}CH(OCOR')\text{-}CH_2(OPO_3)^-\text{-}CH_2CH_2N(Me)_3^+$〕、磷脂酰乙醇胺〔脑磷脂，$CH_2(OCOR)\text{-}CH(OCOR')\text{-}CH_2(OPO_3)^-\text{-}CH_2CH_2NH_3^+$〕等。鞘磷脂是指鞘氨醇（含氨基的长链醇类）的氨基与脂肪酸缩合形成酰胺键，而 1-羟基与磷酸缩合形成酯键的两性分子，属鞘脂类，广泛存在于高等动物的神经组织中。

（2）非离子型表面活性剂

非离子型表面活性剂是在溶液中不能电离的一类表面活性剂，包括天然或人工合成的脂肪酸甘油酯、多元醇、聚氧乙烯等类型。单硬脂酸甘油酯是最常见的非离子型表面活性剂之一，可用作糖果、奶油等的食品添加剂，防止出现油脂分离、糖类结晶、油水分层等现象，也可用作面包、蛋糕、饼干加工过程中的乳化剂和发泡剂等。多元醇包括甘油、季戊四醇、山梨醇和糖类等。甘油即丙三醇（$C_3H_8O_3$），在通常情况下为黏稠状液体，可以甲醇为溶剂用作气相色谱固定液（<75℃），分析分离低沸点含氧化合物、胺类化合物及氮氧杂环化合物。工业上，用于合成硝化甘油、环氧树脂、聚酯树脂等，还可作为纺织印染工业中的润滑剂、吸湿剂、扩散剂和渗透剂，食品工业中的甜味剂和保湿剂，汽车、飞机和油田的防冻剂，新型陶瓷工业的塑化剂等。季戊四醇（$C_5H_{12}O_4$）大量用于涂料工业生产醇酸树脂，合成高级润滑剂、增塑剂、表面活性剂等。季戊四醇经硝化后，可得到烈性炸药——季戊四醇四硝酸酯，因此被列入《易制爆危险化学品名录》，按照《易制爆危险化学品治安管理办法》管控。此外，还可用于医药和农药生产。山梨醇（$C_6H_{14}O_6$）又叫山梨糖醇，是蔷薇科植物主要的光合作用产物。山梨醇可由葡萄糖还原制取，有甜味，可作为某些食品的甜味剂，甜度与葡萄糖接近，约为蔗糖的一半，不会引起龋齿，而热值与蔗糖相近。山梨醇经发酵和化学合成可制得维生素 C，经硝化脱水可制得失水山梨醇，是治疗冠心病的药物。此外，山梨醇作为甘油的替代品，可用作气相色谱固定液、食品添加剂、化妆品原料、合成树脂原料等。

表面活性剂在溶液中的浓度比较低时，会三三两两地把亲油基团靠拢而分散在水中。随着表面活性剂在溶液中浓度的增大，其表面张力不断降低，直至形成胶束。胶束亲水极性基团朝外，与水分子接触，而非极性基团朝内，被包藏在胶束内（图6）。因此，形成胶束的表面活性剂在水中是比较稳定的。表面活性剂在水溶液中形成胶束所需的最低浓度称为临界胶束浓度，用 CMC 表示。溶液的表面张力、电导率、浊度等的变化规律都以临界胶束浓度为分界而出现明显转折（图7）。

表面活性剂具有润湿、增溶、乳化、起泡、去污等作用，在化工、食品、制药、石油、纺织和农业等领域都有广泛的应用。随着生活水平的提高和人类文明的进步，人们对环境保护和自身健康越来越重视，趋向于使用无污染、无毒、生物降解性好、一剂多效、性能优异的表面活性剂。这使得对表面活性剂的研究向绿色表面活性剂、高分子表面活性剂、元素型表面活性剂等方向发展。

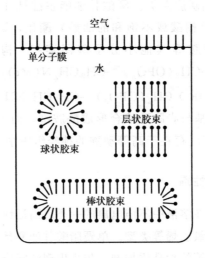

图 6　各种形状的胶束

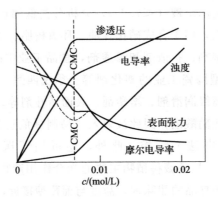

图 7　十二烷基硫酸钠水溶液的物理性质与浓度的关系

参考资料

[1] 傅献彩，沈文霞，姚天扬，等. 物理化学 [M]. 5 版. 北京：高等教育出版社，2005.
[2] 周波，赵跃翔，吴英绵. 表面活性剂 [M]. 3 版. 北京：化学工业出版社，2012.
[3] Pillay T S. Gene of the month：The 2019-nCoV/SARS-CoV-2 novel coronavirus spike protein [J]. Journal of Clinical Pathology，2020，73 (7)：370-377.

第五节

锂离子电池

梅 鹏

当你使用手机的时候,手机的电池内部无时无刻不在发生着化学反应,就像持续活动的"小火山"一样,为手机的正常工作提供电力。当反应结束的时候,电量也就消耗殆尽了。通过对电池充电,我们又能为手机注入新的"活力"。这样一枚小小的电池,究竟是如何实现对手机的反复供电呢?

目前大多数手机使用的是锂离子电池,这是一种利用锂离子在正极和负极之间反复迁移,将化学能与电能相互转化的装置,主要由正极、负极、隔膜和电解液等组成(图1)。

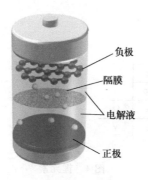

图1 锂电池结构

以经典的钴酸锂电池为例,钴酸锂作正极,石墨作负极。这两种材料都具有稳定的层状结构,可以为锂离子提供良好的场所。中间的隔膜(图2)一般采用绝缘的多孔聚合物薄膜材料,既避免了正负极直接接触造成短路,又允许电解液携带锂离子通过。电解液贯穿于整个电池内部,为两极之间的锂离子传输提供途径,钴酸锂电池充放电示意如图3所示。

锂是元素周期表里最靠前的金属元素。锂原子的最外层只有一个电子,特别不稳定(图4)。充电时,外接电源的正极会吸引锂的最外层电子,电子无法通过隔膜,只能经由

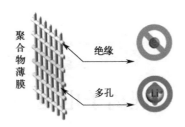

图 2 隔膜

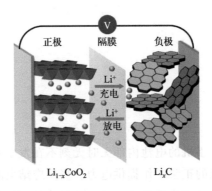

图 3 钴酸锂电池充放电示意

外电路流向石墨电极。留下的带正电的锂离子，受到外接电源负极的吸引，通过电解液和隔膜，迁移到石墨层间。如此，便完成了对锂离子电池的充电，即电能向化学能的转换。锂离子电池的充电如图 5 所示。

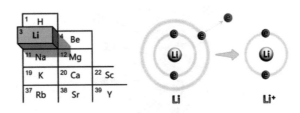

图 4 锂元素

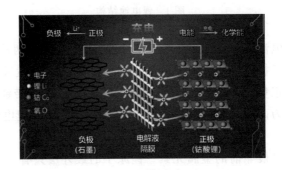

图 5 锂离子电池的充电

充电后的锂离子电池，处于负极富锂、正极贫锂的高能状态。当切断外电源，再连上电子器件比如灯泡时，石墨层间的锂，便会迫不及待地通过电解液，重新回到钴酸锂。同时，电子经由外电路流过灯泡，将其点亮。由此，锂离子电池实现了对灯泡的供电，即将化学能转化为电能。这样的电能与化学能的相互转换可以重复多次，因此赋予了锂离子电池可反复充放电的性质。锂离子电池的放电如图6所示。

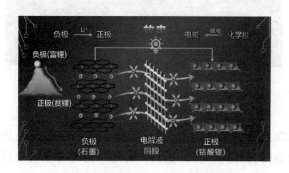

图6　锂离子电池的放电

2019年的诺贝尔化学奖，颁给了锂离子电池领域三位杰出的科学家（图7）。原因是他们创造了一个"可充电的世界"。锂离子电池自1991年首次进入市场以来，改变了人类的生活，为无电线、无化石燃料的社会奠定了基础，并为人类带来了巨大的福祉。

图7　2019年诺贝尔化学奖获得者

其实，锂离子电池并不是第一个，也不是唯一一个可充电的电池。不过，它却是一个集小体积、大能量、高功率、长寿命、环境友好等诸多优点于一身的电池。锂离子电池，进可供电，可作为便携式电子设备的移动电源，或者交通运输工具的动力电源；退可储电，可作为太阳能、风能等可再生能源发电的储能电站（图8）。

当前，人类的生存与发展正面临着气候变化带来的巨大挑战，导致温室效应的二氧化

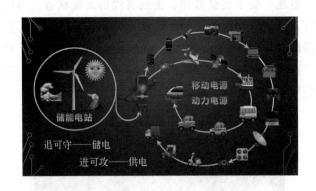

图 8　锂离子电池的优点

碳主要来自传统的能源发电与供热以及交通运输领域。而锂离子电池在电动汽车等方面的应用，正改变着我们的出行方式，由高能耗、高污染的化石燃料驱动，逐步转变为高效清洁的电能驱动。同时，它还可以储存来自光伏、风力、水力发电等的大量清洁电力，为我们的生产生活提供绿色、可持续的能量保障，如图 9 所示。

图 9　锂离子电池与低碳生活

1. 锂离子电池的诞生

锂离子电池的诞生如图 10 所示。20 世纪 70 年代，就职于美国埃克森石油公司的科学家 Whittingham 证明了二硫化钛正极可以在层间实现锂的电化学可逆储存，并以此为基础构建了金属锂二次可充电池原型，实现了从早期的一次电池到现代可充电电池的转变。但由于金属锂化学特性过于活泼，电池具有易爆炸的潜在危险。这时 Goodenough 贡献了新灵感。1980 年 58 岁的 Goodenough 发现，用钴酸锂作正极比之前的二硫化钛更适合存储锂离子。在日本，Yoshino 发现石油焦炭可作为更好的负极，但因找不到合适的正极材料而苦恼，直到他读到 Goodenough 的论文，兴奋地发现 Goodenough 的发现给了他所需要的一切。Yoshino 研发的负极和 Goodenough 的正极正好搭配。他于 1985 年首次成功研制出锂离子电池模型，构建了现代锂离子电池的基本框架。

从诞生之日起，锂离子电池就凭借其自身具有的优势（高输出电压、高容量和稳定的

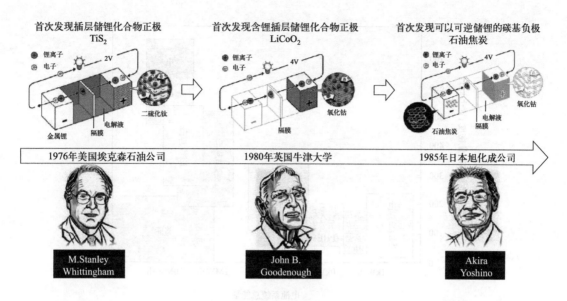

图 10　锂离子电池的诞生

嵌入式材料结构）迅速获得产业界和科研界的高度关注。从智能手机、笔记本电脑等电子消费产品，到风能、太阳能大型储能装置，如今锂离子电池已成为我们生活中不可或缺的能量源。

2. 锂离子电池的机遇与挑战

锂离子电池按应用场景不同大致可以分为三大领域：3C类电子产品、电动交通工具、规模静态储能。锂离子电池的应用如图11所示。

在3C电子领域锂离子电池几乎占据了全部市场，而在电动交通工具方面，锂离子电池主导的动力电池市场不断扩大，目前在电动汽车应用领域已经处于主导地位，未来随着锂离子电池成本持续下降和性能的不断提高，电动汽车的性价比有望超越燃油汽车，从而实现汽车的全面电动化。除此之外，近几年电动交通工具开始向系统能量在兆瓦时级以上的电动船舶和电动轨道交通扩张，尽管目前在经济性上并没有优势，但在节能减排方面优势突出，因此在某些特殊领域和地域开始有了商业示范。

2017年11月12日，由广船国际建造的全球首艘2000t级新能源纯电动船正式吊装下水（图12）。整船电池容量约为 2.4MW·h，相当于40台比亚迪E6汽车的电池容量，理论上2h可以充满电；满载条件下，航速最高可达 12.8km/h，续航力可达 80km。航行全程不消耗燃油，实现碳、硫等废气污染物及 $PM_{2.5}$ 颗粒零排放。近些年开始有了在电动飞机方面的初步尝试，但是航空交通工具对自重要求极高，因此目前的锂离子电池能量密度还远无法满足商用客机的要求。在现有基础上保持其他性能的同时实现能量密度的大幅提高将是未来决定锂离子电池在动力电池领域发展的关键。

此外，锂离子电池在未来大规模储能方面也存在巨大的应用潜力。在"碳达峰、碳中和"目标的引领下，我国将持续提高可再生能源在一次能源消费总量中的占比。而可再生

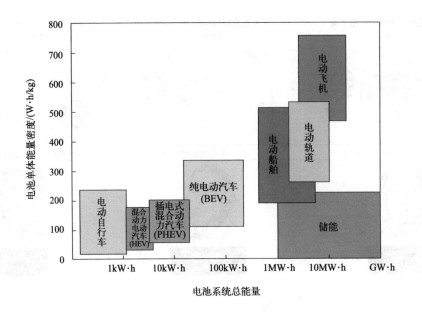

图 11　锂离子电池的应用

图 12　全球首艘 2000t 级新能源电动船

能源中主要依托的风能和太阳能属于间歇式能源，需要高比例的储能装置与之搭配使用。从目前看，未来锂离子电池将会在大规模储能方面尤其是促进可再生能源消纳和分布式储能方面起到关键支撑作用；在调节电网频率和调峰方面也将起到重要作用，逐步降低我国对火力发电的依赖；在用户侧，储能可以实现更好的供需平衡调节。未来借助先进的 5G 技术、人工智能和大数据以及区块链技术在能源方面的促进作用，我国将初步形成先进的智能电网，电动车将逐步从现有的无序充电发展到有序充电再到智能充电 V2G，从而实现电动车与规模储能高效互动互补的新型能源供给模式。但是要实现这一美好愿景的前提是开发出具有足够技术经济性、安全性和长寿命的锂离子电池体系。

参考资料

[1] Whittingham M S, Gamble F R. Materials research bulletin [J]. Applied Catalysis B, 1975, 10 (5): 363-372.
[2] Whittingham M S. Electrical energy storage and intercalation chemistry [J]. Science, 1976, 192 (4244): 1126-1127.
[3] Mizushima K, Jones P C, Wiseman P J, et al. Li_xCoO_2 ($0 < x < -1$): A new cathode material for batteries of high energy density [J]. Applied Catalysis B, 1980, 15 (6): 783-789.

第六节

神奇的石墨烯

胡雪琪　王　立

曾经有科学家举过这样一个例子,将和食品保鲜膜一样薄的某种材料盖在一个碗上,如果试图要用铅笔戳穿它,需要一头大象站在这支铅笔上(图1)。那么这种材料是什么呢?让我们隆重请出今天的主人公,材料中的"黑金"——石墨烯。

众所周知,碳家族原本有3位热门成员,分别是零维的富勒烯、一维的碳纳米管、三维的金刚石,我们今天的主角,二维的石墨烯,是在碳纳米管问世之后,过了二十年,才登场的、碳家族成员如图2所示。

石墨烯是构成其他碳同素异形体的基本单元,它可折叠成富勒烯(零维),卷曲成碳纳米管(一维),堆垛成石墨(三维),如图3所示。

图1　例子示意图

国际标准化组织(ISO)认定:当石墨片层数少于或等于十层时,可以称为石墨烯,否则,就应该叫作石墨。石墨烯分为单碳层石墨烯、双碳层石墨烯、多碳层石墨烯(3～10层)。石墨和石墨烯都是由碳原子组成的物质。石墨的微观结构是一层一层的石墨分子像书页一样堆叠,是三维的物质。石墨烯则是碳原子呈单层排列的二维物质。石墨烯像一张六角形的渔网,结构非常稳定。石墨烯特性如图4所示。

石墨烯与石墨名称仅一字之差,但石墨烯的性能却比石墨更为优越。同为碳元素组成的物质,石墨烯之所以表现出许多石墨不具有的性质,是因为石墨中的单层石墨分子上下表面都与碳原子连接成键,而石墨烯上下表面都暴露在空气中,所以其电子传输特性以及力学性质等会受到很大影响。石墨烯和石墨最本质的区别是电子性质不同,因此许多性质都不同。

每种石墨烯的特性也并不完全相同,由于二维晶体在热力学上的不稳定性,所以不管是以自由状态存在还是沉积在基底上的石墨烯都不是完全平整的,而是在表面存在本征的微观尺度的褶皱(图5)。这种微观褶皱在横向上的尺度为8～10nm,纵向尺度为0.7～

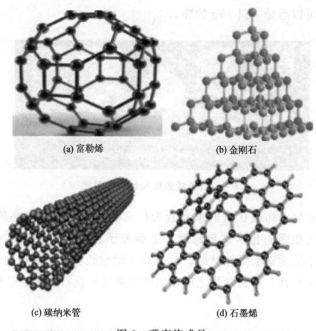

(a) 富勒烯　　(b) 金刚石
(c) 碳纳米管　　(d) 石墨烯

图 2　碳家族成员

1.0nm。这种三维的变化可引起静电的产生,所以石墨单层容易聚集。同时,由于褶皱大小不同,石墨烯所表现出来的电学及光学性质也不同。

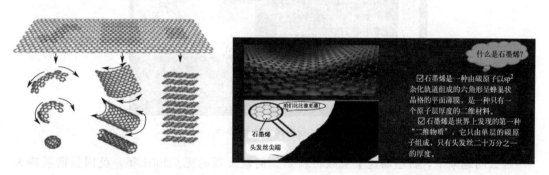

图 3　石墨烯构成其他碳材料　　　　图 4　石墨烯特性

图 5　石墨烯的褶皱

与其他材料相比,虽然单层石墨烯的厚度仅为 0.335nm,约为头发丝直径的二十万分之一,但是它的强度比世界上最好的钢铁还要高上 200 倍(图 6)。同时它又有很好的韧性,拉伸幅度能达到自身尺寸的 20%,如果将一块面积 $1m^2$ 的石墨烯做成吊床,本身质量不足 1mg，却可以承受一只 1kg 的猫。

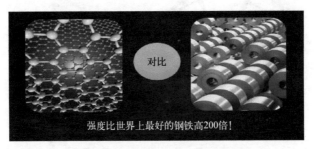

图 6　石墨烯强度与钢铁的对比

这听起来不可思议，那么让我们来看看为什么石墨烯具有如此高的强度。在石墨烯中，每个碳原子通过很强的化学键与其他 3 个碳原子相连，键长约为 0.142nm（图 7）。我们知道，键长越小化学键稳定性越高，0.142nm 的键长使石墨烯中的碳-碳键十分稳定，石墨烯还具有零渗透特性，将它氧化之后做成的高强度氧化石墨烯更是被我国科学家广泛应用于各大领域。

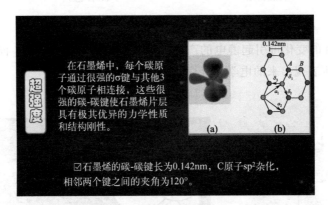

图 7　石墨烯的力学特性

那么问题来了，石墨烯这个宝藏材料是如何被发现的呢？2004 年，英国曼彻斯特大学的两位科学家安德烈·盖姆（Andre Geim）和康斯坦丁·诺沃肖洛夫（Konstantin Novoselov）用一种非常简单的方法（它有一个华丽的名字，叫作"撕胶带法"，你没有听错，就是撕胶带）将高定向热解石墨薄片的两面粘在一种特殊的胶带上，撕开胶带，就能把石墨片一分为二（图 8）。反复这样操作，于是薄片越来越薄，最后，他们得到了仅由一层碳原子构成的薄膜，这就是石墨烯。两人也因在二维石墨烯材料方面的开创性实验，共同获得 2010 年诺贝尔物理学奖。

石墨烯堪称人类已知的强度最高的材料，它拥有众多令人神往的发展前景。可以预见，它将会在材料学、能源、生物医学等无数领域大放异彩（图 9）。

由于石墨烯的种种优异性能，科学家甚至预言它将彻底改变 21 世纪，极有可能掀起一场席卷全球的颠覆性新技术新产业革命，被认为是一种未来革命性材料。我们这一代人何其有幸，可以见证石墨烯抒写材料学新历史，未来，这位碳家族成员，一定会迎来属于它的黄金时代！

图 8　石墨烯的发现者和实验方法

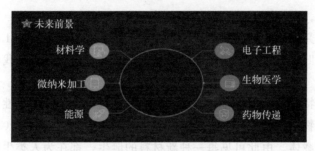

图 9　石墨烯的发展前景

薄、轻、强、硬、极佳的导电导热性能，让石墨烯获得了"新材料之王"的称号，但是石墨烯的成本较高。

石墨烯的发现使碳材料结构从零维到三维得到完善，极大地推进了二维材料的发展。与同为碳纳米材料的碳纳米管相比，石墨烯具有更加多样化的制备方法，应用也更加广泛。

目前，石墨烯的制备方法主要有微机械剥离法、外延生长法、石墨插层法、溶液剥离法、化学气相沉积法和氧化还原法。

石墨烯的合成有两条路径：①大多数石墨烯的制备方法都是自上而下的，即剥离石墨，要用大量的溶剂以及进行一系列处理；②自下而上合成石墨烯，比如采用化学气相沉积或先进的有机合成方法。

美国莱斯大学的 James M. Tour、Boris I. Yakobson 与 C-Crete 科技公司的 Rouzbeh Shahsavari 合作，通过廉价的焦耳热闪蒸技术（flash Joule heating，FJH）将任意来源的碳，无论是石油焦炭、煤炭、炭黑、橡胶轮胎还是塑料，在不到 100ms 的时间内变成石墨烯，实现克级制备。相关论文以"克级闪光石墨烯自下而上合成"（gram-scale bottom-up flash graphene synthesis）为题，于 2020 年 1 月 27 日发表在 *Nature* 上。同一时间 *Science* 杂志发表了题目为"电力：将垃圾转变为石墨烯"（electricity turns garbage into graphene）的报道。

研究人员将利用焦耳热闪蒸技术获得的石墨烯命名为闪蒸石墨烯（flash graphene，FG），层层堆叠的闪蒸石墨烯表现出涡轮层堆叠。简单地说，就是把非晶态导电碳粉放在两个电极之间轻微压缩，放入石英或陶瓷管内，气压维持在大气压或者微弱的真空下（约

10mm Hg❶），利用电容器组高压放电使碳源在不到 100ms 的时间内达到 3000K 以上的温度，高效迅速地将非晶碳转化为石墨烯。

FG 的产量取决于碳源的碳含量。当使用高碳量碳源时，如炭黑、无烟煤等，FG 产率在 80%～90%，碳纯度大于 99%，无需净化步骤。拉曼光谱分析显示 FG 是迄今为止报道的缺陷最少的石墨烯材料之一。合成 1g FG 所需的电能仅为 7.2kJ，经过换算得知未来 1kg 石墨烯电力成本约为 1.06 元。

2014 年 James M. Tour 采用激光诱导炭黑转化为石墨烯，既然激光可以，那么热呢？Tour 的研究生 Duy X. Luong 设想是否可以通过加热碳源来生产石墨烯？起初他在一个透明的玻璃瓶中放了一点炭黑，用 400V 的电压轰击了大约 200ms，但并没有成功。经过一系列调整，成功地出现明亮、黄白色闪光，表明小瓶内的温度达到了 3000K，经专业测试成功合成了石墨烯。

基于文献的研究结果，石墨烯的成本不再让人难以接受。Duy X. Luong 补充说："咖啡渣、食物残渣、旧轮胎和塑料瓶，都可以气化来制造石墨烯原料，我们正在将垃圾转化为石墨烯。"

石墨烯的优异特性让人们争相将它应用到各种领域，虽然其疏水性以及不明朗的生物毒性阻碍了它在生物医学领域的应用，但它的衍生物如氧化石墨烯（rGO）被报道为药物或基因输送的有效载体。由此可见每一种新材料的诞生，都在为人类生活提供便利。

未接触过材料化学的人可能只是对新材料的诞生啧啧称赞，但是从事相关科研的人更需要看到这些材料未来的可塑性、可能性与创新性，然后经过成百上千次实验，攻克许多意想不到的难题。科研工作者都要学会多角度看问题，要有一颗默默无闻、能坚守在实验室的耐心，一颗生生不息、富有活力的创造之心，一颗坚持科研创造的恒心。

参考资料

[1] Luong D X, Bets K V, Algozeeb W A, et al. Gram-scale bottom-up flash graphene synthesis [J]. Nature, 2020, 577: 647-651.

[2] 何大方, 吴健, 刘战剑, 等. 面向应用的石墨烯制备研究进展 [J]. 化工学报, 2015 (8): 2888-2894.

[3] 耿浩. 石墨烯薄膜及其衍生物的生物学行为研究 [D]. 上海: 中国科学院大学（中国科学院上海硅酸盐研究所），2018.

[4] 杨松涛, 陈国旭, 张军霞, 等. 石墨烯的制备及应用研究进展 [J]. 信息记录材料, 2022, 23 (4): 6-8.

[5] Jiang T, Lin Y, Amadei C A, et al. Comparative and mechanistic toxicity assessment of structure-dependent toxicity of carbonbased nanom aterials [J]. J Hazard Mater, 2021, 418: 126282.

---

❶ 1mmHg=133.3224Pa。

第七节

左右之辨——手性之谜

黎永秀　张泽会

20世纪60年代，一种名为"反应停"（沙利度胺）的药物曾掀起一场轩然大波。一些孕妇服用了用于缓解孕吐的"反应停"后，产下四肢短小如海豹的畸形婴儿。后来的研究发现，"反应停"是一种手性药物，孕妇吃下去的实际是一对结构呈镜像对称，但功能迥异的混合物（图1）。

手性一词来源于希腊语（英文为chirality），最早由英国著名物理学家开尔文勋爵（Lord Kelvin，1824—1907）提出。手性是指物体或分子与其镜像不能完全重合的性质。这就好比左右手，左手在镜子里的像，刚好就是右手，但无论怎么摆姿势，都无法将两只手重合。手有左和右之分，手性也有左手性和右手性之分。分子的手性通常是由不对称碳引起，也就是一个碳上连有四个不同的原子或基团（图2）。光经过偏振器过滤，得到平面偏振光，再通过手性分子后，偏振方向会向左或向右旋转，由此可以定义左旋分子和右旋分子（旋光仪的原理见图3）。普通物体怎么区分呢？大家伸出一只手，大拇指指向螺旋的前进方向，其余四指沿旋转方向握拳，如果与左手相符，称为左旋，与右手相符则称为右旋（图4）。

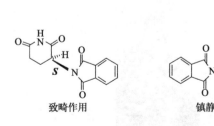

图1　"反应停"的两种手性结构

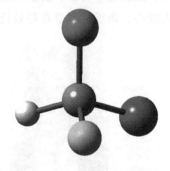

图2　手性碳原子示意图

手性是自然界的普遍现象。喇叭花的缠绕方向是右手性的，把右旋的喇叭花强行左旋缠绕，它也会自动恢复右旋；海螺同样是右旋的，出现左旋海螺的概率仅有百万分之一；几乎所有生物体内的氨基酸都是左旋的，而由氨基酸构成的蛋白质却是右旋的。此外，生

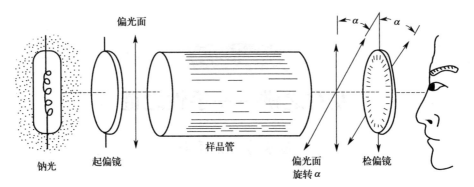

图 3　旋光仪的原理图

命体中 DNA 也是右旋的。

生物体的左右旋之分，使其对药物具有精准的手性识别能力。这就好比我们身上挂了许多手套。右手手套需要放右旋物质才能发挥作用，如果放的是左旋物质，那它就进不了右手手套，从而跑到其他部位，可能引发其他副反应。

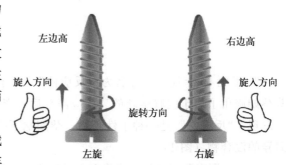

图 4　螺旋物体左手定则和右手定则

"反应停"沉痛的历史教训告诉我们，精确分离手性药物很重要。2001 年的诺贝尔化学奖授予在手性催化领域取得突破的三位科学家，分别是美国的威廉·斯坦迪什·诺尔斯、卡尔·巴里·夏普莱斯和日本的野依良治（图 5）。我国科学家在手性催化领域也取得了许多重要成就，2019 年的国家自然科学奖一等奖就颁给了手性催化专家周其林院士团队。他们研发的手性催化剂，可以充当指挥官，指挥反应朝着特定的左旋或右旋方向进行，选择性合成结构单一的手性分子。单一手性药物研究从此迎来了新的发展。就连反应停也有机会重新做成药物，用以治疗其他疾病（如重症肝炎、麻风结节性红斑、皮肤扁平苔藓、皮肤性红斑狼疮等）。前几年，新型冠状病毒感染牵动着我们每一个人的心，而手性科学在特效药的研发中也发挥了重要作用。

威廉·斯坦迪什·诺尔斯
(William S. Knowles)

卡尔·巴里·夏普莱斯
(K. Barry Sharpless)

野依良治
(Ryoji Noyori)

图 5　2001 年诺贝尔化学奖得主

在科技发展的道路上，手性研究将一路前行，造福人类社会。

参考资料

［1］ McNaught A D，Wilkinson A. Compendium of chemical terminology［M］. 2nd Edition. Oxford：Blackwell Scientific Publications, 2006.
［2］ 曹则贤. 物理学咬文嚼字［M］. 合肥：中国科学技术大学出版社，2018.
［3］ 史志强. 手性探秘——粒子、生命和宇宙的不对称性［M］. 北京：人民教育出版社，2017.
［4］ 张梦军，廖春阳，兰玉坤，等. 对催化不对称合成的重大贡献——2001年诺贝尔化学奖［J］. 化学教育. 2002（1）：5-14.

第八节

神奇的催化剂

李 琳

我们每天都用牙膏,那你见过大象的牙膏吗?"大象的牙膏"实验是2009年由美国《连线》杂志网站公布的十个最令人惊讶的化学实验之一。将浓缩的过氧化氢(双氧水)与肥皂混合起来,加上一些"神秘物质",即可观察到一股充满氧气的泡沫状浅黄色物质像喷泉一样从容器中喷涌而出,体积很大,因此称为"大象的牙膏"(图1)。

原来奥秘在这里:双氧水迅速分解产生大量氧气,碰到肥皂水形成泡沫喷涌而出。而其中有个最为关键的角色——碘化钾,是它加快了双氧水的分解,如图2所示。

图1 "大象的牙膏"实验

图2 实验揭秘

下面,我们介绍今天的主角——神奇的催化剂!根据国际纯粹与应用化学联合会(IUPAC)的定义,催化剂是一种在不改变反应总标准吉布斯自由能变化的情况下提高反应速率的物质。这种作用称为催化作用,涉及催化剂的反应称为催化反应。据统计,约有90%以上的工业过程使用催化剂,如化工、石化、生化、环保等。

催化剂诞生于100多年前,瑞典化学家贝采利乌斯通过甜酒变醋酸的实验,第一次发现了催化剂的存在,1836年,他还在《物理学与化学年鉴》杂志上发表了一篇论文,首次提出化学反应中使用的"催化"与"催化剂"概念。

催化剂的性质很特别：一变二不变。它能改变反应速率，但它的质量和化学性质在反应前后不变。那么，问题来了，催化剂为什么能加快反应速率呢？原来，反应物与产物之间有一道能垒，而催化剂通过与反应物形成中间物种，提供了一条替代反应路径，其能垒的高度会明显降低。打个比方，没有催化剂，反应物需要翻越珠穆朗玛峰才能变成产物；而有了催化剂，反应物只需要轻松越过小山丘，就能变成产物（图3）。路径不同，速率当然也就不一样了。

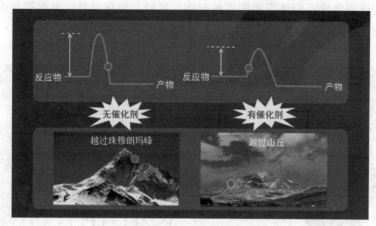

图3　催化剂作用示意图

催化剂种类繁多，按状态可分为液体催化剂和固体催化剂；按反应体系的相态分为均相催化剂和多相催化剂，均相催化剂有酸、碱、可溶性过渡金属化合物和过氧化物催化剂。催化剂在现代化学工业中占有极其重要的地位，例如，合成氨采用铁催化剂，硫酸生产采用钒催化剂，乙烯的聚合以及用丁二烯制橡胶等都需要采用催化剂。

著名的诺贝尔化学奖得主格哈德·埃特尔，详细研究了氮气和氢气这两种分子如何相互作用生成氨气的，在这个被比喻成"将空气变成面包"的经典反应中，铁基催化剂就是那个不可或缺的关键媒介。合成氨反应如图4所示。

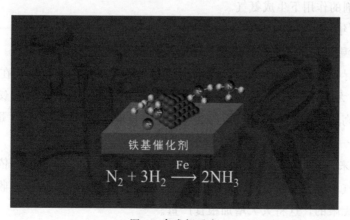

图4　合成氨反应

科学与生活

合成氨反应的机理是氮分子被化学吸附在铁催化剂表面，氮原子之间的化学键减弱，然后化学吸附的氢原子与催化剂表面的氮分子不断相互作用，在催化剂表面逐渐形成—NH—、—NH_2 和 NH_3，最后，氨分子在表面解吸形成气态氨。

除此之外，催化剂和反应体系的关系就像锁与钥匙的关系一样，具有高度的选择性（或专一性）。一种催化剂并非对所有的化学反应都有催化作用。

当反应物有多条反应路径的时候，催化剂可以化身"指挥官"，指挥反应物朝着特定方向走下去，最终生成我们所需要的目标产物。所以，催化剂可以有效避免生成不需要的副产物，如图 5 所示。

图 5　催化剂的选择性

我们知道，最重要的植物肥料之一是氮。空气的主要成分是氮气，但植物只能在氮是化合态的时候利用氮。1913 年前后，弗里茨·哈伯开发了一种利用氮气和氢气生产氨气的方法，这种方法可用于制造人造肥料。当氮气和氢气以一定的温度、压力和流量通过装置时，在催化剂的作用下生成氨气。

早在 1905 年，弗里茨·哈伯就出版了《工业技术气体反应热力学》一书，书中记录了在 1000℃的温度下，以铁为催化剂，用氮气和氢气产生少量氨的过程。后来他决定尝试合成氨，在寻找合适的催化剂后，在催化剂上循环通入氮气和氢气，在 500℃温度下，在 150～200 个大气压[1]下进行。哈伯法还可以生产用作土壤肥料的硫酸铵。此反应过程的原理以及在高压和高温下催化反应的发展，进一步推动了甲醇的合成、煤的氢化和硝酸的生产。

20 世纪以来，全球单位面积作物产量一直在增加，这在一定程度上依赖于氮肥使用量的增加。大气中的氮含量接近 80%，但这种氮不能被高等植物直接吸收和利用。人工固氮的前景是无限的，这将大大增加粮食产量。

---

[1]　1 个大气压为 101325Pa。

回顾化学发展过程，化学史上每一个重大的化学成就都是在一定的社会背景条件下产生的，而一项重大的科技发明也会不断推动社会的发展与进步。

参考资料

[1] 吴越. 催化化学［M］. 北京：科学出版社，1995.
[2] 于凤川. 诺贝尔奖得主的成功之路［M］. 呼和浩特：内蒙古人民出版社，2016.

第九节

碳纤维材料

姜 宇

碳是地球上最重要的元素之一,它不仅仅是生命组织的基本组成要素,还广泛存在于各种有机和无机材料中。碳原子具有很小的原子量,且可以与自身形成极强的共价键,构成结构丰富的碳网络,得到性能各异的碳材料。自古以来,碳材料便是人类社会发展历程中不可或缺的材料之一。例如,木炭可以作为燃料用于取暖,活性炭由于具有多孔的结构可以作为吸附剂来消除异味,石墨由于质地柔软可以被制成铅笔芯用于书写等。传统的碳材料还包括竹炭、焦炭、炭黑等。随着人类社会的不断发展和科技的不断进步,科学家们早已不满足于对传统碳材料的开发和使用,研究发明出了许多结构新颖、性能优异的新型碳材料,如金刚石、石墨烯、富勒烯、碳纳米管、碳纤维等。

1. 碳纤维材料

从北斗巡天到嫦娥奔月,从求索天问到常驻天宫,中国航空航天科技的发展一定早已让你叹为观止!当这些昔日的神话传说一个个变为现实,背后其实都离不开现代材料科技的助力!今天就让我们一起去认识一种藏在这些高科技背后的神奇材料——碳纤维材料。

碳纤维究竟是什么呢?其实,碳纤维是一种以碳元素为主要成分的纤维状材料,其直径很小,甚至只有头发丝的二十分之一(图1)。

那么如此纤细的碳纤维为何会具有这样高强的本领呢?这就要从碳材料的结构说起了,不同的结构赋予了材料迥异的性能。大家所熟知的钻石,就是一种碳材料,钻石中的碳原子相互连接,构成了四面体结构,这种特殊的结构异常稳定,因此钻石质地坚硬。孩子写字用的铅笔,其笔芯的主要成分石墨,也是一种碳材料,石墨中平行堆叠的碳层间可以相互滑移,因此其质地柔软,制成铅笔后可轻松写字。碳纤维,则是由片状石墨微晶沿纤维轴向方向堆砌而成,其结构与石墨有一定的相似性,但关键就在于其碳层中存在许多孔洞缺陷,从而让碳层间相互交错,难以滑动!这种特殊的结构赋予了碳纤维的高强度。钻石、石墨、碳纤维的结构如图2所示。

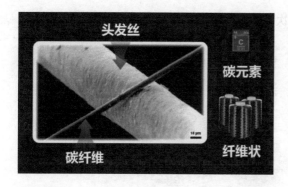
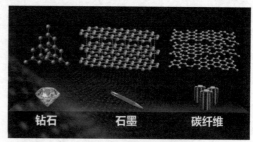

图 1　碳纤维　　　　　　　图 2　钻石、石墨、碳纤维的结构

除此之外，碳纤维的另一大特点就在于其较低的密度，相比于传统的金属材料，将碳纤维用在航空航天产品上时，可以发挥出很好的轻量化作用，使产品自重大大降低，载荷有效提升。

看到这里，你一定还有个疑问，这一根根碳纤维细如发丝，它们又是怎样变成最终的碳纤维材料？打个比方，我们冬天都穿过毛衣，羊毛单纱并股成为毛线再经编织可以得到各种图案的毛衣；碳纤维也一样，它可以集束形成碳纤维束，再经编织得到形式各异的碳纤维布，将这些碳纤维布涂覆上高分子树脂，就可以得到我们所需要的碳纤维材料了（图3）。值得注意的是，通过调整碳纤维布中纤维的排布和取向还能赋予其各个方向上不同的力学性能，这也使科学家们能够按照需求设计制备出不同性能的碳纤维材料。

正因为有如此优异的性能，碳纤维得到了"黑色黄金"的美誉。而这样的"黑色黄金"不仅仅是用在航空航天产品中，其实它早已进入了我们的日常生活！碳素做的羽毛球拍手感轻盈，碳素做的自行车爬坡轻松省力，我们日常生活中常说的碳素其实就是一种碳纤维材料。

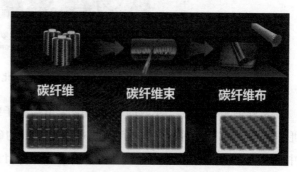

图 3　碳纤维的不同形态

可上九天揽月，可下五洋捉鳖！碳纤维由于具有高强度、高模量、低密度、耐高温、耐腐蚀等一系列优异性能，已成为当今社会不可或缺的战略性新材料，在新能源、建筑、汽车、体育、国防和航空航天等领域都有着广泛的应用。随着我国社会经济的迅速发展和科学技术的全面进步，以碳纤维为代表的各种新型碳材料必将在科技强国的道路上发挥出独特的作用！

2. 碳材料与诺贝尔奖

种类繁多的碳材料共同组成了庞大的碳材料家族（图4），它们互为同素异形体，都由碳元素构成却具有不同的排列方式和微观结构，从而表现出不同的力、热、光、电等物理化学性质。因此，每一种新型碳材料的发现都引起了科学家们的广泛关注和研究，其中关于富勒烯和石墨烯的相关研究工作更是两次获得诺贝尔奖。

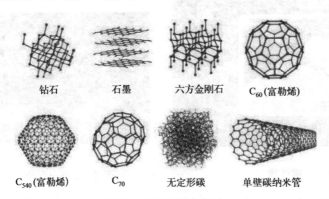

图 4　不同的碳材料结构

1996 年，美国科学家罗伯特·科尔、理查德·斯莫利和英国科学家哈罗德·沃特尔·克罗托因发现具有新形态的碳分子，即富勒烯而共同获得诺贝尔化学奖（图 5）。

图 5　1996 年诺贝尔化学奖得主

富勒烯是包括 C_{60} 在内的一系列完全由碳原子组成的中空分子的总称，其外形可呈球形、椭球形、管形等。1985 年，由 60 个碳组成的碳原子簇结构分子 C_{60} 第一次在实验室中被制备出来，受建筑学家巴克明斯特·富勒设计的球形圆顶建筑的启发，3 位科学家认为其可能具有类似的球体结构，因此将该类分子命名为富勒烯。不同的富勒烯如图 6 所示。

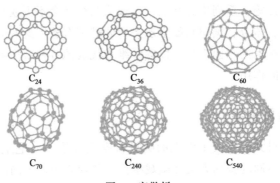

图 6　富勒烯

富勒烯分子通常是由五元及六元碳环相互连接组成的多面体结构，C_{60} 是富勒烯家族中相对最容易得到、被研究最多的一种，其分子结构为球形 32 面体，通过 20 个六元环和 12 个五元环连接而成。C_{60} 外形酷似英式足球，因此又被称为足球烯（图 7）。富勒烯具有完美的三维拓扑对称结构，在纳米尺度范围内特殊的稳定性，以及奇异的电子结构，使其在生命科学、医学等领域有着巨大的应用潜力，其代表成员 C_{60} 更被誉为"纳米王子"。

图 7　C_{60} 模型图

2010 年英国科学家安德烈·盖姆和康斯坦丁·诺沃肖洛夫因在石墨烯材料方面的卓越研究而共同获得诺贝尔物理学奖（见图 8）。

"环顾我们的四周，所有物体都是三维（3D）的。它们有长度、宽度和厚度，你找不到缺少任意以上特征的东西。直到近几年，我们对宇宙的感知和理解依然是，真正的低维材料不能存在于我们的 3D 世界中。"安德烈·盖姆在接受采访时这样说。2004 年，他和康斯坦丁·诺沃肖洛夫共同制备了世界上第一个真正的二维（2D）材料——石墨烯，它不再有 3D 材料的标准特性之一即厚度，这种材料薄到了任意材料能达到的极限，它只有一个原子厚。石墨烯是一种二维碳材料，它是由碳原子构成的只有一层原子厚度的二维晶体，层内碳原子排列成平面六边形，碳原子之间形成共价键。

图 8　2010 年诺贝尔物理学奖获得者

石墨烯与石墨只有一字之差，其实，将石墨烯一层层叠起来就成为了石墨。换句话说，把石墨一层层剥下来就是石墨烯了。而安德烈·盖姆和康斯坦丁·诺沃肖洛夫正是采用在石墨上"撕胶带"的方式获得了单层石墨结构，即使用胶带在纯石墨上剥离石墨烯层，直到只剩下一层石墨烯。石墨烯的密度与碳纤维相同，仅为铝的五分之一。石墨烯是一种近乎完美的导热材料和电导体，有望替代硅而成为制作下一代计算机芯片的材料。除此以外，石墨烯几乎完全透明，这种既能导电又高度透明的特点，使它成为制作触摸屏或太阳能电池的理想材料。

以富勒烯、石墨烯、碳纤维为代表的新型碳材料的相关研究工作一直是材料领域的热点，可以说没有哪种元素能像碳元素这样，作为单一元素即可形成如此多的结构和性质完全不同的材料。这也正是碳材料的魅力所在！我国已将碳基材料纳入"十四五"原材料工业发展规划，并将碳化硅复合材料、碳基复合材料等纳入"十四五"科技创新发展规划，通过强化产业政策引导，以全面突破关键核心技术，提高碳基新材料等产品质量，推进产业基础高级化、产业链现代化。

在科学领域，需要有扎实的理论基础、高超的实验技能和打破常规的勇气，这样才能将一个个看似"偶然"的实验现象变成实实在在的科研成果。

参考资料

[1] 陈永胜，黄毅. 石墨烯：新型二维碳纳米材料［M］. 北京：科学出版社，2013.
[2] 沈海军. 新型碳纳米材料——碳富勒烯［M］. 北京：国防工业出版社，2008.
[3] 沈曾民. 新型碳材料［M］. 北京：化学工业出版社，2003.

第三章

计算机科学

第一节

App 推荐系统

康怡琳

早晨,你听了一首很美妙的音乐,音乐软件推荐给你另外几首喜欢这首歌的人也喜欢听的歌;中午,你在购物软件中买了一支钢笔,在结算的时候软件可能会提示你要不要试试某一款墨水(图1);下午,你想为下周的考试查一些资料,搜索引擎告诉你和该资料相关的其他人物或者事件;晚上,当你拿起手机想点一顿外卖时,系统根据你平时的习惯推荐要不要试试某一家店。这其中都有推荐系统的影子,推荐系统已经深入我们网络生活的方方面面,购物软件、音乐软件、短视频平台、新闻平台等等也都部署了自己的推荐系统。

大家一定很好奇推荐系统是如何构建的吧。事实上,目前各 App 所用的推荐系统集合了众多方法。下面给大家介绍两种被广泛应用的推荐方法。

1. 基于流行度的推荐方法

大家熟知的诸如热搜这样的推荐采用了基于流行度的推荐方法。这种方法非常简单直接:根据所有用户的搜索热度,计算前 N 个最为用户关注的话题,并展示出来,也就是什么内容吸引用户,就给用户推荐什么内容。虽然这种方法并没有提供个性化的推荐,但是它很好地满足了人们的从众心理,也从一定程度上缓解了冷启动问题带来的尴尬。

2. 基于协同过滤的推荐方法

大家应该看过这样的推荐吧:"买过这本书的人同时还买过某某书。"这种推荐依靠的是协同过滤方法。简单来说,就是通过所有用户的购买记录来猜测在今后某个场景下用户可能喜欢什么。具体来说,记录下购买了产品 A 同时购买产品 B 或 C 或 D 等的用户数量,并根据这个用户数量进行产品 A 的相关推荐。假设在所有产品里购买产品 A 同时购买产品 D 的人数最多,那么说明 D 是最受欢迎的。所以当用户购买产品 A 时,推荐系统可以进行的相关推荐为产品 D。这里请大家想想可以用哪种形式存储这些数据呢?我们当

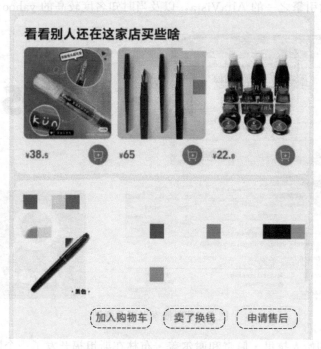

图 1　App 界面截图

然可以一个一个地记录同时购买某些产品的人数，但更多时候，采用矩阵的方式来存储这些数据。我们只需要建立一个产品数量×产品数量的矩阵，就可以用这个巨大的矩阵来保存这些数据了。如图 2 所示，假设某电商有 99 个产品，那么我们可以建立一个 99×99 的共生矩阵，其中 3 表示购买了产品 1 同时购买了产品 2 的用户数量。由于购买了产品 1 同时购买了产品 2 的用户数和购买了产品 2 同时购买了产品 1 的用户数一致，该矩阵是一个对称矩阵。根据矩阵可以看出，同时购买产品 2 和产品 99 的用户数量最多，所以当某用户购买产品 2 的时候，我们可以推荐产品 99 给他。

	1	2	…	98	99
1		3			
2	3			49	76
…					
98		49			
99		76			

图 2　共生矩阵

谷歌（Google）公司成立于 1998 年，是现今世界公认的最大的搜索引擎公司，由拉里·佩奇和谢尔盖·布林共同创建，如今谷歌的业务囊括了互联网搜索、云计算、广告技术等大量互联网产品与服务，而谷歌的发家其实也离不开推荐算法。

其实早在谷歌之前，市面上已经出现了很多搜索引擎，例如由华盛顿大学的 Brian Pinkerton 设计的 WebCrawler，诞生于卡内基·梅隆大学的 LYCOS，还有 20 世纪 90 年代最受欢迎的搜索引擎之一的 AltaVista，以及当时知名度较高的 yahoo 等，如图 3 所示。

图 3　早期搜索引擎示意图

后来谷歌的创始人拉里·佩奇和谢尔盖·布林在斯坦福开发了一个网页排名算法，即著名的 PageRank 算法，也称佩奇排名算法。PageRank 算法源自基于 webgraph 的数学算法，通过计算页面链接的数量和质量来粗略估计网站重要性。PageRank 算法示意图如图 4 所示。

正因为这一算法，谷歌在海量网页中为用户呈现搜索结果时，拥有比其他搜索引擎更好的表现，用户往往感觉谷歌的搜索结果比其他搜索引擎的结果更加精确，更容易找到自己想要的信息。

那么推荐系统究竟有什么神奇的魔力，为什么各大网站都要使用推荐系统呢？对于互联网企业来说，良好的推荐系统能提供更优质、个性化的服务，牢牢抓住用户的心，提高网站的点击率和浏览量；对于商家或者内容发布者来说，推

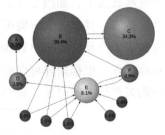

图 4　PageRank 算法示意图

荐系统能实现精准推送，将商品推送给更有需要、更可能购买的用户，增加商品曝光度，提高商品销量；而对于用户而言，推荐系统能帮助我们在互联网的海量信息流中过滤掉无关信息和低质量信息，快速找到自己感兴趣的内容（商品、电影、音乐或者新闻等）。一个优秀的推荐系统可以实现多方共赢，尤其是在网络信息爆发式增长的时代，对于被海量信息淹没的用户和内容发布者来说，推荐系统在精准匹配用户和内容方面可谓功不可没。用户、内容与网站示意图见图 5。

推荐系统应用广泛，强大的功能为我们的生活带来了诸多便利。然而，凡事皆有利弊，极大丰富我们生活的推荐系统也难逃此定律。正因为越来越依赖推荐系统，我们才更应该关注其中蕴含的危机。倘若任其自由发展，这把现代生活中的利器就很可能会误伤作为使用者的我们。

那么，推荐系统的危害性主要体现在哪些方面？我们又该如何应对呢？回答这个问题前，我们不妨问一下自己，是否有过深夜追剧的经历？是否有被短视频吸引？我们感叹推荐算法神奇的同时更应警醒，是否掉进信息茧房的陷阱。

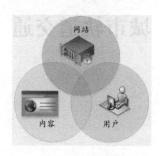

图 5　用户、内容与网站示意图

凯斯·桑斯坦在 2006 年提出了信息茧房的概念。它指的是一个让我们只接受我们所选择的、让我们舒服愉悦的内容的通信空间。如果生活在信息茧房之中，我们的所见所闻都是类似的观点，难以接受新的内容，会因先入为主的观念而使思维和决策产生很大的偏差。

除此以外，对于内容平台来说，还是以经济利益为主导的。因此为了吸引广大群众的注意力，在内容的推荐上更倾向于受众广泛的泛娱乐化内容。

总而言之，推荐系统是互联网时代丰富我们生活的利器。如果使用得当，它能够帮助我们扫平生活中的障碍，让我们的生活更加便捷和舒适；使用不当，也会产生不利的影响。因此，我们要理性看待推荐系统。

参考资料

[1] 周志华. 机器学习 [M]. 北京：清华大学出版社，2016.
[2] 查鲁·C. 阿加沃尔. 推荐系统 [M]. 北京：机械工业出版社，2018.
[3] 桑斯坦. 信息乌托邦 [M]. 北京：法律出版社，2008.

第二节

城市轨道交通

胡万欣

"十四五"以来,随着中国式现代化建设和新型城镇化发展,我国在交通领域的规划与建设取得显著成就,城市中综合性交通枢纽数量迅速增加,城市轨道交通等公共交通服务逐渐成为解决居民日常出行与交通拥堵问题的重要方案。

城市轨道交通的修建是一项非常复杂的工作,从准备建设到人们能够乘坐,需要花费很多年的时间。从一座城市编报城市轨道交通线网规划到最终一条轨道交通线路开通运营,大致会经历规划与审批、项目前期准备、土建施工、设备安装调试、运营筹备等多个阶段。

1. 轨道交通线网的规划

在城市轨道交通建造之前,规划师首先要规划列车行驶的线路(图1),需要在城市发展战略、总体规划、土地利用规划的基础上,根据客流预测分析,充分考虑交通与城市发展之间的关系,在方便市民出行、能适应城市可持续发展的基础原则上进行规划。

2. 轨道交通线路的现场勘察

城市轨道交通线路的勘察需要使用专业的工具与方法(勘察现场如图2所示),在整个过程中使用地质钻机在地表下钻出深深的孔,然后用空心钻头将岩土样带出地面进行取样分析。一般钻孔间距为几十米,遇到地下溶洞、孤石等复杂地质时,钻孔间距缩减为几米。岩土勘察属于城市轨道交通建设基础资料收集阶段。

3. 城市轨道交通正式施工

城市轨道交通施工分为城市轨道交通车站施工与城市轨道交通区间隧道施工。

(1)确定城市轨道交通的车站

依据城市规划,轨道交通的车站一般会选择建在住宅区、商业区等主要客流集散点,

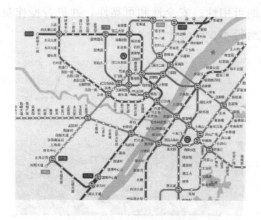 

图1　某地规划好的轨道交通线网图　　图2　某市进行轨道交通勘察现场

方便市民出行（地点示意见图3）。同时考虑土地利用、与其他交通方式换乘便捷、周边环境条件等因素。

车站的建设与施工是一个时间长、影响大的工作。车站在施工过程中常用明挖法和暗挖法进行施工，根据现场的实际情况，整个过程一般需要16～30个月不等。车站的施工一般分为迁移现场、现场施工、路面回填等。

（2）区间隧道施工

区间隧道施工多用盾构机（见图4）来进行挖掘，首先完成隧道开挖工作，然后铺设混凝土道床，安装扣件并铺设钢轨。

图3　确定的轨道交通车站　　图4　区间隧道施工及工具

4. 轨道的铺设

城市轨道交通需要"跑"起来，当然少不了轨道，所以，隧道和车站建成后，还需要铺设轨道、电缆、通信等设施（见图5）。

5. 城市轨道交通运营

城市轨道交通建设完成后，将进入试运行阶段。试运行时列车在轨道上空载运行，在此期间，将测试和评估城市轨道交通整个系统的可用性、安全性和可靠性，并进行操作员培训、故障模拟和应急演习。城市轨道交通试运行不少于3个月（见图6）。

图5　轨道的铺设现场

图6　正在试运行的轨道交通

试运行合格后，经过有关部门的相关验收及审批，整体系统可用性、安全性和可靠性经过试运行检验合格后，城市轨道交通会进行1年时间的试运营。

广义的城市轨道交通指以各种形式的导轨为导向的城市公交客运系统。我们常说的轨道交通分为地铁系统、市域快轨系统、轻轨系统、中低速磁浮交通系统、跨座式单轨系统、悬挂式单轨系统、自导向轨道系统、有轨电车系统、导轨式胶轮系统和电子导向胶轮系统十类。下面为常见的几种类型。

（1）地铁系统

地铁系统适用于大城市城区、客流需求较大的骨干线路，采用全封闭线路、专用轨道、专用信号且独立运营。线路通常设在地下隧道内，有时也延伸到地面或设在高架桥上（示意图见图7）。

图7　地铁系统示意

图8　市域快轨系统示意

（2）市域快轨系统

市域快轨系统在新标准中指采用钢轮钢轨体系的市域轨道交通系统。同时考虑到城市轨道交通系统的经济性，也提出了运输能力每小时应大于等于1万人次的技术指标要求。

市域快轨系统示意如图 8 所示。

（3）轻轨系统

轻轨系统是指采用钢轮钢轨体系的中运能的、以地上敷设为主的城市轨道交通系统。根据敷设方式和运能等级来区分线路是否属于轻轨系统（图 9）。

图 9　轻轨系统

图 10　中低速磁浮交通系统

（4）中低速磁浮交通系统

磁浮系统指利用电磁力实现列车与轨道间的无接触悬浮导向的系统。中低速磁浮交通系统是以最高设计速度划分的，现在城市运营的中低速磁浮交通系统最高一般为 120km/h（图 10）。

（5）跨座式单轨系统

单轨系统是一种车辆与特制的轨道梁组合成一体运行的中低运能胶轮-导轨系统。跨座式单轨为单轨的一种，通过单根轨道支持、稳定和导向，车体采用橡胶轮胎骑在轨道梁上运行（图 11）。

图 11　跨座式单轨系统

图 12　悬挂式单轨系统

（6）悬挂式单轨系统

悬挂式单轨系统也是单轨的一种。与跨座式单轨系统的区别在于所依靠的轨道位于列车的上方。特点是所占空间很小，能有效利用道路中央隔离带和城市低空，适于建筑物密度大的狭窄街区（图 12）。

（7）自导向轨道系统

自导向轨道系统属于胶轮-导轨系统，一般用在高架线上为多。走行轮为胶轮，走行在桥梁面上，起支承作用；导向轮也是胶轮，依靠导向板或导向槽对车辆起导向和稳定作用（图13）。

图 13　自导向轨道系统　　　　　　　　图 14　有轨电车系统

（8）有轨电车系统

有轨电车系统是一种以低运能为主的城市轨道交通系统，包括采用钢轮钢轨、单厢、模块化或铰接式车辆的有轨电车和采用胶轮车辆的导轨式有轨电车系统（图14）。

（9）导轨式胶轮系统

导轨式胶轮系统是随着新技术的发展涌现出来的轨道交通方式，以高架敷设为主，是基于传统胶轮导轨系统进行小型化研发而产生的新型的低运能胶轮导轨轨道交通系统（图15）。

图 15　导轨式胶轮系统

我国城市轨道交通的建设从无到有，取得了辉煌的成绩，在建设过程中，中国的工程师研发了具有自主知识产权的盾构机，实现了从 0 到 1 的跨越。2022 年，中国盾构机已经占据全世界出口的三分之二，成为世界上销售量最高的盾构机，而随着中国盾构机技术的推广，国产盾构机企业未来将会为全球地下隧道的挖掘工作，又或者其他地下设施的建造工作，提供更多的解决方案。

参考资料

[1] 翁瑶，朱鸣. 城市轨道交通概论［M］. 北京：人民交通出版社，2018.
[2] 崔宏巍. 城市轨道交通概论［M］. 北京：人民邮电出版社，2018.
[3] 朱鸣. 城市轨道交通概论［M］. 北京：人民交通出版社，2018.
[4] 李建国. 城市轨道交通概论［M］. 北京：机械工业出版社，2015.

第三节

电五官——传感器

李 薇

作为现代科技的前沿技术，传感器被认为是现代信息技术的三大支柱之一，是目前世界公认的最具有发展前途的高技术产业。美国早在 20 世纪 80 年代初，就成立了国家技术小组（BGT）帮助政府领导各大企业的传感器技术开发工作；日本将传感器技术列为国家重点发展六大核心技术之一；英、法、德等国家高技术领域发展规划中，均将传感器列为重点发展技术并将其科研成果和制造工艺与装备列入国家核心技术。2014 年《福布斯》认为今后几十年内，影响和改变世界经济格局和人们生活方式的十大科技领域中，传感器名列十大领域之首。

传感器是一种检测设备，能够通过自身的敏感元件或转换元件检测力、热、光、电、磁、声等外界环境信息，然后将感知的信息按一定规律变换成电信号输出到计算机，从而实现信息的传输、处理、存储、显示和控制。

这和人类感知外界信号的过程完全一致。人类通过感觉器官接收外界信号，将这些信号传送给大脑，大脑把这些信号通过神经系统分析、处理传输给机体。但仅靠人类自身的感觉，研究自然现象规律及生产活动，还远远不够。如果用机器完成这一过程，计算机相当于人的大脑，通信技术就是神经系统，而执行机构相当于人的机体，那么传感器就是五官和皮肤，承担着感知环境一切参数和任何数据信息的任务。传感器（如图 1 所示）可以说是人体感官的延伸，也叫"电五官"。传感器的存在与发展使机器有了触觉、视觉和嗅觉般的感知能力，从而出现了智能系统。

图1 传感器

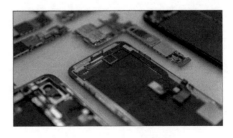

图2 手机中的传感器

可以说，传感器是智能化的起点，是构建智能工业和智能社会大厦的基石，它已经融入我们的生产和生活之中。举个例子，手机有很多功能，可以拍照、打电话、玩游戏，这些功能的实现都离不开传感器，拍照的时候，就是镜头捕捉到物体的光线，然后把它传到图像传感器上，传感器检测到对应的光线，将它转换成电信号，再经过处理和显示，就变成我们手机上看到的照片。所以图像传感器就相当于手机的眼睛，是拍摄的核心部件。手机中的重力传感器和加速度传感器可以用来切换横屏与竖屏方向，运用在游戏中时，则可通过水平方向的感应，将数据运用在游戏里，来调整方向，如图2所示。手机中还有不同的传感器，它们可以将声音和压力等信息转换为电信号以执行呼叫和指纹解锁等功能。

如果说芯片是手机的大脑，那么传感器和网络就是手机的五官和神经。一个用来转换成电信号，一个用来传递信息。传感器技术与通信技术、计算机技术共同构成信息产业的三大支柱，它们分别是智能系统的"感官""神经"和"大脑"。

随着技术的更新，传感器的功能变得越来越重要，它开始进入人类的各个领域。巧妇难为无米之炊，没有传感器检测各种信息，即使计算机与通信技术再发达，也只能处于"大脑"发达，而"五官"迟钝的窘境，无法发展现代科学技术。传感器在当下有多重要？举个例子大家就明白了，一部手机至少有十几个传感器，一辆豪华轿车有200多个传感器，一架飞机有1000多个传感器，我们常见的高铁有5000多个传感器。2018年美国麻省理工学院在评选全球突破性技术时，将"智慧传感城市"列为十大最具代表性的技术之一，"智慧传感城市"在未来十年，将消耗400亿个传感器。人类对技术的探索是无止境的，随着智能化程度越来越高，对传感器的需求也在不断增加。随着最新一代集成传感器的出现，传感器技术被推向了新的高度。

人类从诞生至今，一直锲而不舍地感知、思考和改造世界、改善自身，传感器是人类感知世界万事万物的测量工具，亦是人类改造世界的关键性配套工程，形象地说，传感器是人类唤醒和看清世间万事万物的"耳朵"和"眼睛"，物联网就像感知世界的桥梁，实现人和物体"对话"，物体和物体之间"交流"。

传感器是一切数据获取的基础设施，而当先进传感器的应用达到一定规模时，往往标志着一个新时代的到来。

1. 机械化时代（人类出现—1870年前后）——人类传感器的雏形

从冷兵器时代到蒸汽机时代的这段漫长的时间里，我们的科技先驱和能工巧匠发明创造的机械式传感器，成为人类传感器的雏形。这些传感器最初发明时就像能识破天机的利器，在群组化和制度化地推广使用后，极大地推动了当时生产生活方式的进步和文明社会发展制度的建立和完善。

（1）指南车——史料记载最早的传感器

指南车（图3）又称司南车，相传公元前2700年中国的轩辕黄帝发明了指南针，黄帝用指南车，在大雾中辨别方向，打败了蚩尤。

图 3　指南车

（2）仰韶陶质量具、商代骨尺、楚墓天平、日晷仪、地动仪——最早的度量衡传感器

① 距今 5000 年前的甘肃大地湾仰韶文化晚期房 F901 中出土的一组陶质量具，是迄今为止，我国发现最早的量器。

② 河南安阳出土的商代骨尺是目前中国所见最早的长度测量工具。

③ 已发掘出最早的秤是长沙附近左家公山战国时期楚墓中的天平。

④ 日晷仪最早出现在西周，是古人观测日影计时的仪器，根据日影的位置来指定当时的时辰或刻数，是我国古代较为普遍使用的计时仪器。

⑤ 地动仪是最早的震动传感器。公元 132 年，东汉张衡发明的地动仪（图 4），是世界上第一台观测地震的仪器，李约瑟称之为"地震仪的鼻祖"。

（3）气体温度计——世界上最早的温度传感器

1593 年，意大利科学家伽利略发明了第一支气体温度计（图 5）。

图 4　地动仪

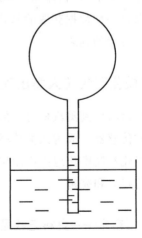

图 5　气体温度计

2. 电气自动化时代（1870年前后—2009年）——传感器成为不可或缺的关键性配套器件

（1）铂电阻温度计

最早输出电信号的传感器。1876年，德国的西门子制造出第一支铂电阻温度计。

（2）结构型传感器

工业批量化生产的第一代传感器。这个时期的传感器主要是结构型传感器，也就是主要利用结构参量变化来感受和转化信号，如电阻应变传感器等。

（3）固体传感器

工业批量化生产的第二代传感器。这种传感器由半导体、电介质、磁性材料等固体元件构成，是利用材料某些特性制成的。

3. 智能时代（2009年至今）——物联网的核心基础和突破口

21世纪的重大变革就是通过网络，把物质世界连接起来，并赋予它一个电子神经系统，使其能够感知信息，而能够担当这一重任的就是传感器，将传感器基础技术与应用称为传感器革命。

目前，全球已有约35000种传感器，它们与人类活动息息相关，覆盖各个门类和学科，呈现出强烈的时代特点，即网络化、智能化、规模化。

目前全球传感器市场主要由美国、日本、德国的几家龙头公司主导。虽然近几年我国传感器技术发展很快，但本土传感器技术与世界水平相比仍存在差距。万物互联，传感先行，谁掌握了传感器，谁就掌握了新时代。只有加快关键技术的自主研发，打破技术封锁，才能让世界看到中国科技的进步。

参考资料

[1] 吴建平. 传感器原理及应用 [M]. 3版. 北京：机械工业出版社，2016.
[2] 徐科军. 传感器与检测技术 [M]. 4版. 北京：电子工业出版社，2016.

第四节

激光清洗

王曦照

激光（laser）与原子能、半导体和计算机并称为20世纪的"新四大发明"。自激光技术发明以来，凭借单色性好、方向性好、亮度高和高相干性等特性，已经广泛应用于汽车、电子、航空航天等工业领域。

1. 激光的产生

激光是指受激辐射光放大。受激辐射这一概念是爱因斯坦于1917年提出的，指处于激发态的发光原子在外来辐射场的作用下，向低能态或基态跃迁时，辐射光子的现象。基于该理论，美国人梅曼于1960年发明了世界上第一台红宝石激光器。我国也在1961年研制出了属于自己的激光器。

2. 激光加工技术的应用和发展

激光加工技术作为现代制造业的先进技术之一，属于典型的非接触式加工，具有能量、束流密度、时间、空间等精确可控的多维特征，聚焦激光的光斑尺寸能够达到亚微米甚至纳米量级，光斑内能量密度能够达到$10^8 \sim 10^9$ W/cm^2，材料适应性强（可加工超软、超硬、超脆、超薄等特殊材质）、工艺柔性化程度高、可控性好、图形精度高。因此，其在加工制造过程中既可满足宏观尺度的制造工艺要求，又能够实现微米及纳米级别的制造要求，在难加工材料的加工方面具有传统加工技术无法比拟的优势，正逐步成为现代制造领域中新工艺和新技术的生长点和突破点。其中，激光清洗技术是近年来发展较为迅速的一种新型、绿色、高效清洗技术，正逐步替代传统清洗工艺。

3. 激光清洗的原理

激光清洗是应用高能量的激光束照射在材料表面，使材料表面的锈蚀或者涂层等污染物发生瞬间蒸发或者剥离，原理如图1所示。

目前，常用的激光清洗方法主要包括干式激光清洗、湿式激光清洗和冲击波式激光清洗。干式激光清洗是入射激光直接作用在待清洗材料表面上，污染物粒子通过吸收激光能量引起自身热膨胀而克服相应的附着力，完成污染物的脱离。湿式激光清洗需先在待清洗材料表面涂盖单层液态薄膜，激光束作用于待清洗材料表面，会引起薄膜沸腾带动污染物粒子振动而完成脱离。冲击波式激光清洗与前两者有所不同，激光束平行于基底材料表面射入，通过使空气电离形成等离子冲击波对污染物层释放能量使污染物粒子脱离。

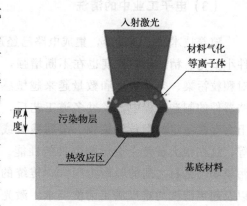

图1　激光清洗原理图

4. 激光清洗的应用范围

激光清洗的对象涵盖范围很广，既能去除有机污染物，也能够去除无机污染物。目前激光清洗技术已经运用在以下领域。

（1）激光除锈

由于氧化或保护不周等原因，金属表面容易产生锈蚀，严重的锈蚀情况不仅会缩短使用寿命和降低安全性，还会造成一定的环境污染和经济损失。利用激光除锈能够让材料瞬间洁净如新，同时极大地避免化学药品等清洗方式带来的环境污染问题。图2为利用高能激光束完成对钢材表面锈蚀的去除。

（2）建筑文物的清洗

激光清洗是一种干式、柔和及自由度高的先进建筑文物修复工艺。利用激光束的特性，通过设定不同激光参数，使工作人员可以分辨污染物和文物表面材质，对文物表面材质和附着于其上的沉积物、覆盖物、氧化物，进行选择性地准确定位并以激光光束气化蒸发，做到既不伤害文物，又能除污染物，如图3所示。

图2　锈蚀金属表面的激光清洗

图3　建筑文物表面的激光清洗

（3）电子工业中的清洗

随着技术的不断进步，集成电路已经逐步从二维平面结构转向三维立体结构，并且器件小型化、精细化的程度也在不断增强，半导体器件对颗粒污染、杂质浓度和数量越来越敏感。然而在电路器件的制造过程中，经过多道工艺后，集成电路板上会存在一定的颗粒污染物、金属残留或有机物残留等，这在很大程度上会影响器件的性能。并且，这些污染物与基材之间的吸附力很大，传统的化学、机械以及超声清洗均难以满足清洗要求。激光清洗技术凭借其非接触性、低热效应及高柔性成为解决半导体器件污染问题的最优选择之一，如图4所示。

图4 激光清洗在半导体行业的应用

5. 激光与诺贝尔奖

在激光技术发展的六十余年里，和激光直接相关的诺贝尔奖有6个，基于激光技术的诺贝尔奖数量达到了13个，近三十年与激光相关的诺贝尔奖如下所示。

（1） 1999年诺贝尔化学奖——飞秒级拍摄分子变化过程

获奖者：艾哈迈德·泽维尔。

获奖理由：运用激光技术，使通过化学反应观测原子在分子中的运动成为可能。

泽维尔被誉为"飞秒化学之父"，他应用飞秒激光技术观测化学反应，这也是诺贝尔化学奖第一次颁发给激光领域。飞秒超短脉冲激光的出现，将可观测化学反应的时间尺度缩减至飞秒量级。

（2） 2009年诺贝尔物理学奖——光纤带来通信划时代变革

获奖者：高锟。

获奖理由：在光学通信领域和光在纤维传输方面的突破性成就。

基于高锟的理论和激光器，20世纪70年代以来，康宁公司发展出可用于通信的光纤，已成为目前主流的高速、大容量有线通信方式。

（3） 2018年诺贝尔物理学奖——千倍放大和激光镊子

获奖者：亚瑟·阿什金、杰哈·莫罗、唐娜·斯特里克兰。

获奖理由：在激光物理领域的突破性发明，光学镊子及其在生物系统的应用和产生高强度超短光学脉冲的方法。

参考资料

[1] 吴勇华,任晓晨,刘皓贤,等.激光参量对碳钢表面清洗质量的影响[J].激光技术,2021,45(4):500-506.

[2] 王凯杰.Q235碳钢脉冲激光除锈工艺研究[D].武汉:华中科技大学,2017.

[3] 杨明昆,周仿荣,马仪,等.深度锈蚀钢板的激光除锈工艺研究[J].应用激光,2018,38(6):975-980.

[4] 陆思远.激光清洗锈蚀钢板的技术研究[D].武汉:华中科技大学,2017.

[5] 邱兆飚.脉冲激光除锈工艺研究及便携式激光除锈系统设计[D].武汉:华中科技大学,2013.

[6] 叶少伟.脉冲激光干式清洗轮胎模具的机理与实验研究[D].厦门:厦门理工学院,2020.

[7] 张光星,华学明,李芳,等.激光除锈、除漆的研究与应用现状[J].热加工工艺,2019,48(18):1-4.

[8] 刘鹏飞,王思捷,刘照围,等.激光清洗技术的应用研究进展[J].材料保护,2020,53(4):142-146.

[9] 万壮,杨学锋,夏国峰,等.激光清洗技术的应用及展望[J].机床与液压,2020,48(7):172-178.

第五节

平行系统

朱宗晓

平行系统是指由某个自然存在的实际系统及与之相对应的一个或多个虚拟或理想化的人工系统所共同组成的系统。

平行智能是指由人工系统（artificial systems）、计算实验（computational experiments）和平行执行（parallel execution）组成的智能体系，简称 ACP。

A：利用人工场景来模拟和表示复杂挑战的实际场景，采集大规模多样性的虚拟图像和视频数据集，自动生成详细且精确的标注信息。

C：通过计算实验进行视觉算法的设计与评估，包括学习与训练、实验与评估两种操作模式，计算实验可控、可观、可重复。

P：将视觉系统在实际场景和人工场景中平行执行，进行在线优化，实现对复杂场景的智能感知与理解。

平行智能系统结构框图如图 1 所示。

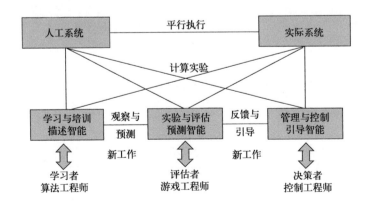

图 1　平行智能系统结构框图

平行智能方法的思想在于首先通过数据、算法、模型等在虚拟空间中构建人工系统；

然后将人工系统作为虚拟空间的实验室，在其中采用计算实验方法研究各种可能的现实情景，对影响复杂系统行为的各种可能因素进行定量分析；最后，通过多种数据感知与数据同化方法实现人工系统与实际系统的平行执行，实时测量实际系统的状态数据，更新人工系统的模型、参数、算法，确保人工系统的计算实验结果的可靠性，并通过计算实验分析支持实际系统的优化管理与控制。

平行系统是 21 世纪初由中国科学院自动化所王飞跃研究员提出的原创技术，它通过一套实际系统与人工计算过程之间的平行交互，为兼具高度社会和工程复杂性的复杂问题提供解决方案，在多领域得到了广泛研究并取得了良好的效果。2018 年 8 月，中国自动化学会平行智能专业委员会成立，旨在加强在人工智能领域的理论方法与关键技术研究，加强集成创新与自主创新，建立理论研究与实际应用的桥梁，强化"产学研用"的有机结合，促进需求牵引和创新驱动形成合力，培养一批从事人工智能系统研究的高水平人才，推动我国人工智能行业的持续发展与技术进步，满足国家重大战略的迫切需求，提升我国在该领域的国际学术地位和学术影响力。基于 ACP 方法的平行智能系统，目前已在平行驾驶、平行交通、平行控制、平行视觉、平行企业、平行农业、平行网络、国防安全等十余个研究方向上取得了显著的研究成果和实践效益。

作为平行系统在自动驾驶领域的应用，超星学银在线"基于虚拟样机的微缩智能车自动驾驶虚拟仿真实验"（图 2）以全国大学生智能汽车竞赛赛题规则中的赛车、赛道为实际场景，对应建立包含虚拟小车和虚拟赛道的人工场景。将实际场景中培养学生参加智能汽车竞赛的经验融入微缩智能车虚拟仿真实验室人工场景中，从手动推车观察对比物理小车"看到"的赛道和虚拟小车"看到"的赛道入手，一方面逐步引入实际场景中调试物理小车的实际经验，以难度逐渐加大的不同虚拟赛道为挑战，引导学员由浅入深探索 PID 控制等经典控制算法在虚拟赛道上的表现；另一方面则充分发挥人工场景善于模拟和表示复杂挑战的实际场景、方便采集大规模多样性的虚拟图像和视频数据集用于深度学习训练的特点，让学员首先在人工场景下的虚拟赛道上测试和训练基于视觉感知数据的端到端深度学习模型，再来思考和探索如何将模型移植和应用到实际场景下的物理小车上。

图 2 基于虚拟样机的微缩智能车自动驾驶虚拟仿真实验

"基于虚拟样机的微缩智能车自动驾驶虚拟仿真实验"由中南民族大学校级学生社团平行智能研习社自主提出、自主设计、自主开发、自主维护、自主迭代，参与实验平台开发的社团学生在开发过程中不断涌现出各种创新、创业故事，在同学中发挥了巨大的榜样作用。

参考资料

[1] 王飞跃．人工社会、计算实验、平行系统——关于复杂社会经济系统计算研究的讨论［J］．复杂系统与复杂性科学，2004，1（4）：25-35．

[2] 王飞跃，邱晓刚，曾大军，等．基于平行系统的非常规突发事件计算实验平台研究［J］．复杂系统与复杂性科学，2010，7（4）：1-10．

[3] 王飞跃．平行系统方法与复杂系统的管理和控制［J］．控制与决策，2004，19（5）：485-489．

[4] 王坤峰，苟超，王飞跃．平行视觉：基于ACP的智能视觉计算方法［J］．自动化学报，2016，42（10）：1490-1500．

[5] 白天翔，王帅，沈震，等．平行机器人与平行无人系统：框架、结构、过程、平台及其应用［J］．自动化学报，2017，43（2）：161-175．

[6] 王晓，要婷婷，韩双双，等．平行车联网：基于ACP的智能车辆网联管理与控制［J］．自动化学报，2018，44（8）：1391-1404．

[7] 段伟．平行仿真的内涵、发展与应用［J］．指挥与控制学报，2019，5（2）：82-86．

[8] 白天翔，沈震，刘雅婷，等．平行机器：一种智能机器的管理与控制框架［J］．智能科学与技术学报，2019，1（2）：181-191．

[9] 超星学银在线课堂．基于虚拟样机的微缩智能车自动驾驶虚拟仿真实验．

[10] 码云代码开源网站．基于虚拟样机的微缩智能车自动驾驶［EB/OL］．

第六节

人机交互

毛腾跃

人机交互是指通过输入/输出设备,以有效的方式实现人与计算机系统之间的信息交流。其中的计算机系统,可以是传统的工业机器,也可以是计算机、数字设备等。用户通过人机交互界面与系统交流,并进行操作。人机交互界面通常是指用户可见的部分,小如收音机的播放按键,大至飞机上的仪表板或是发电厂的控制室。

目前,人们已经能够与计算机系统较为方便地进行交互,具体的交互技术有键盘交互、手写文字交互、语音交互、图像与视频交互、多语言交互、虚拟现实系统中的交互等。人机交互示意如图1所示。

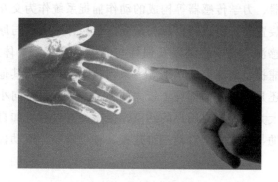

图1 人机交互示意

人机交互的方式,即人机交互系统是通过某种交互媒介实现整个人机交互过程。具体的交互方式包括以下几种。

(1)传统硬件设备交互

以鼠标、键盘、手柄等作为交互媒介,人们可以通过敲击键盘来实现对计算机系统输入字符的操作,而计算机系统感知到键盘处传来的输入操作,便会根据其中详细的输入信息（敲击的是哪一个键）将响应信息显示到屏幕上，在这个过程中，键盘和显示器就充当了人与计算机系统之间的交互媒介。

（2）触控交互

以触摸屏作为交互媒介。触摸屏是一种定位装置，安装在显示屏幕前面，其功能是报告手指（或物体）触摸到屏幕的位置。用户可以直接用手指触摸屏幕以实现与计算机的交互：手指或其他物体触摸触摸屏，触摸屏控制器检测位置（以坐标形式），通过计算机接口送到CPU，以确定用户所输入的信息。触摸屏具有界面直观、操作简单、伸手即得的优点，大大改善了人与计算机的交互方式。

（3）语音交互

以语音采集系统和语音分析系统作为交互媒介。语音交互是一种高效的交互方式，是人以自然语音或机器合成语音同计算机进行交互的综合性技术，结合了语言学、心理学、工程和计算机技术等领域的知识。语音交互过程包括四部分：语音采集、语音识别、语义理解和语音合成。语音采集完成音频的录入、采样及编码；语音识别完成语音信息到机器可识别的文本信息的转化；语义理解根据语音识别转换后的文本字符或命令完成相应的操作；语音合成完成文本信息到声音信息的转换。作为人类沟通和获取信息最自然、便捷的手段，语音交互比其他交互方式具备更多优势，能为人机交互带来根本性变革，是大数据和认知计算时代未来发展的制高点，具有广阔的发展前景和应用前景。

（4）体感交互

使用由光学传感器、力学传感器等构成的动作捕捉系统作为交互媒介，直接通过肢体动作与周边数字设备装置和环境进行自然的交互。依照体感方式与原理的不同，体感技术主要分为三类：惯性感测、光学感测以及惯性与光学联合感测。体感交互通常由运动追踪、手势识别、运动捕捉、面部表情识别等一系列技术支撑。与其他交互手段相比，体感交互技术无论是硬件还是软件方面都有了较大的提升，交互设备向小型化、便携化、使用方便化等方面发展，大大降低了对用户的约束，使得交互过程更加自然。目前，体感交互在游戏娱乐、医疗辅助与康复、全自动三维建模、辅助购物、眼动仪等领域有了较为广泛的应用。

（5）脑机交互

不依赖于外围神经和肌肉等神经通道，直接实现大脑与外界信息传递的通路。脑机接口系统检测中枢神经系统活动，并将其转化为人工输出指令，能够替代、修复、增强、补充或者改善中枢神经系统的正常输出，从而改变中枢神经系统与内外环境之间的交互作用。脑机交互通过对神经信号解码，实现脑信号到机器指令的转化。

（6）情感交互

情感交互就是要赋予计算机类似于人一样的观察、理解和生成各种情感的能力，最终使计算机像人一样能进行自然、亲切和生动的交互。情感交互已经成为人工智能领域中的热点方向，旨在让人机交互变得更加自然。目前，在情感交互信息的处理方式、情感描述方式、情感数据获取和处理过程、情感表达方式等方面还有诸多技术挑战。

人机交互的实用技术如下所示。

（1）虚拟现实

虚拟现实是指视野中的整个环境都是虚拟出来的，跟现实场景可以没有任何关系（戴上 VR 眼镜后，人们通过肉眼观察到的世界是由虚拟现实系统虚构后通过眼镜投射入人眼的，如图 2 所示）。

图 2　虚拟现实

（2）增强现实

增强现实是指视野中仍然有现实世界的影像，但是在影像之上，额外叠加虚拟的物体，叠加的物体需要跟现实场景有"互动"（一种可行的实现方式是通过图像采集设备获取现实世界图像，增强现实系统实时地将虚拟物体合成到图像中，人们通过显示屏观察由增强图像组成的实时增强视频反馈）。

（3）混合现实

混合现实是增强现实和虚拟现实的结合，其先通过增强现实技术采集现实世界数据，而后通过虚拟现实技术对这些数据进行重构，最后通过虚拟现实设备将这些重构数据传递给人。

人机交互将走向何方呢？我们来了解可能的发展趋势。

（1）手势控制

与触摸屏相比，手势控制具有多种优点，如用户不必触摸设备就可以从远处发出命令。此外，手势控制是语音控制的替代方案。

（2）智能座舱

智能座舱系统通过独立感知层（传感器），可获得车内视觉、语音以及方向盘、制动踏板、油门踏板、挡位、安全带等底盘和车身数据，利用人脸识别、声音识别等来综合判断驾乘人员的生理状态和行为状态，做到"理解"人。并根据具体场景，提供"车对人"主动交互，降低驾驶员在驾驶过程中"人对车"的交互负担，改善交互体验。

（3）元宇宙

元宇宙的一种形态是虚拟世界、第二世界，这也是人机交互的终极形态，依靠虚拟现实、增强现实及混合现实等技术手段，人们借助人机交互设备，能够自由地在虚拟世界中遨游，就像在现实世界中一样。

参考资料

[1] 李俊芹, 曲利红. 任务型人机交互系统中的认知技术与发展进路研究[J]. 电视技术, 2024, 48（5）: 154-157.
[2] 李剑. 计算机辅助工业设计中的人机交互探究[J]. 工业设计, 2023, 12: 119-122.

第七节

神秘的第四种物质存在形态——等离子体

邓湉湉 田 微

我们知道物质有三种可能的状态：固态、液态和气态。其实，还有一种神秘的状态，同样广泛存在于浩瀚的宇宙中，这就是等离子体（plasma）。电影《流浪地球》中，人类破釜沉舟修建了1.2万台高达11000m的行星发动机。这些巨型发动机以岩石作为燃料进行核聚变反应，从而产生等离子体。地球通过等离子体流喷射产生的巨大反冲力实现"流浪"，在茫茫宇宙中寻找新家园。

电影情节虽是虚构的，但等离子体却是真实存在的。等离子体是由部分电子被剥夺后的原子及原子团被电离后产生的正负离子组成的离子化气体状物质。1897年，William Crookes首次发现了等离子体。1929年，Irving Langmuir和Tonks首次将等离子体引入物理学。此后等离子体被认为是与固、液、气三态并列存在的第四态。如图1所示，随着能级的增加，物质从固体变成液体，再变成气体，最后继续吸收能量变成等离子体。等离子体具有较高的电导率，与电磁场存在极强的耦合作用，包含有丰富的带电粒子，且正负电荷数目近似相等，呈电中性。

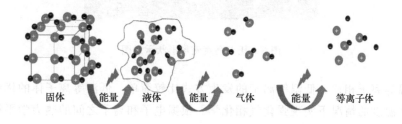

图1 物质状态变化示意图

等离子体的参数可以在数个数量级之间变化。例如，它的温度可以跨越7个数量级，密度跨越更是达到约25个数量级。根据电子的温度，等离子体可分为低温等离子体（low temperature plasma，$T_e=10^4 \sim 10^5$ K）和高温等离子体（high temperature plasma，$T_e=$

$10^6 \sim 10^8$ K),如图2所示。高温等离子体是在极高温度下产生的,恒星可以持续发出这种等离子体,但其极不稳定,几乎无法被固定容器限制,因此难以被装载和利用。相反,低温等离子体可在常温下产生,可被广泛使用在实验室和工业生产中。

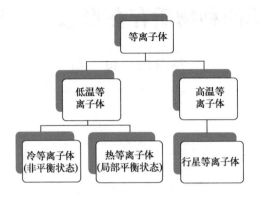

图2 等离子体的系统分类

如上所述,高温等离子体的使用方式极为苛刻,即使其在相当于十倍太阳中心温度的超高温条件下成功发生,也很难对其进行装载和使用。直到物理学家 Andrei Sakharov 和 Igor Tamm 研发出了托卡马克(tokamak)装置,才使得人类跨出利用这一安全绿色核聚变能源的第一步。托卡马克设备利用强磁场将高温等离子体聚集成"甜甜圈"的形状来维持等离子体的热度和稳定,如图3所示。如果能成功实现受控核聚变,那高温等离子体便可以轻松解决人类能源短缺的问题。

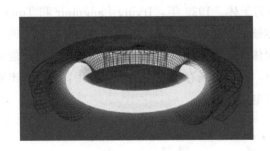

图3 托卡马克磁场形状示意图

与高温等离子相比,低温等离子的发生方式比较简单。低温等离子体的优势是能够在不升高气体温度的情况下实现强化气相化学。根据电子和离子之间的热力学平衡状态,低温等离子体又可分为热等离子体(thermal plasma)和冷等离子体(cold plasma)两种。其中,冷等离子体表现出热力学非平衡状态,电子温度可达到约 10^4 K,远高于中性离子温度($T_e \gg T_n$)和整个气体温度($T_e \gg T_g$)。热等离子体可达到局部平衡状态,其中电子温度(T_e)几乎与重中性粒子温度(T_n)和整体气体温度(T_g)相同。冷等离子体可以在大气压下或者更低的压力下放电激发产生,常见的冷等离子体源有电晕放电、介质阻挡放电、微波放电和射频放电等。与低气压冷等离子体相比,大气压冷等离子体中分子自由程相对较小,电子与基态和激发态粒子的碰撞比较频繁,能量传递更加剧烈,放电气体温度比低气压冷等离子体更高,一般在几十到两百摄氏度之间。热等离子体常用的发生方式有直流交流电弧放电和高频射频感应放电,在放电过程中等离子体产生的电流通过等离子体从一个电极流向另一个电极,如图4所示。等离子体的尺寸由电能耗散与热损失通过传导、辐射和对流的平衡决定。目前常用的转移弧等离子体的弧柱温度可达10000～50000K。

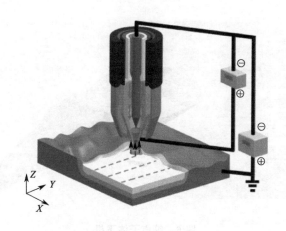

图 4 热等离子体常用的发生方式

由于等离子体具有优良的电磁性质,因此该技术具有极高的应用价值。如图5所示,其相关技术和工艺被广泛应用于照明、显示、医疗、喷涂、纺织、航空、国防、通信及半导体器件制造等行业中。具体来说,在日常工业生产使用的等离子体技术中,冷等离子体可应用在杀菌、清洗、集成电路刻蚀、薄膜沉积和制备金属催化剂等领域,而热等离子体主要应用在切割、焊接和表面强化等领域。

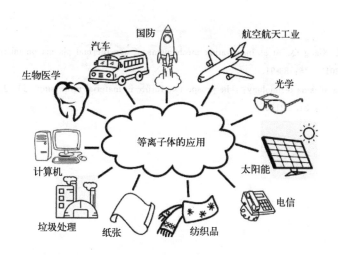

图 5 等离子体在各个领域的应用

尤其在国防和军事领域,它更是有着极大的应用前景,是重要的国防资源之一。例如，等离子体发生器可在飞机表面制造等离子云薄层，如图6所示。通过对等离子体能量、电离度、振荡频率和碰撞频率等参数的调整，可为飞机插上"隐形的翅膀"，使其"逃脱"雷达的侦探，甚至可以使雷达反馈出错误的飞机位置。此外，等离子体天线技术还可以进行无线电信号的发射与接收，工作状态中也不会反射普通雷达波，其中高压脉冲等离子体天线还能实现大功率输出，具有干扰能力强、结构轻巧等优点。

图6 等离子体飞机

等离子体物理的发展为材料、能源、信息、空间物理、地球物理等科学的进一步发展提供了新的技术和工艺。目前，等离子体看起来依旧还是很神秘，但是如果我们能够灵活运用和开发等离子体的内在价值，未来它或许将跟水、金属、氧气一般成为我们生活中息息相关、不可或缺的一部分。

参考资料

[1] Liao X, Liu D, Xiang Q, et al. Inactivation mechanisms of non-thermal plasma on microbes: A review [J]. Food Control, 2017, 75: 83-91.

[2] Samal S. Thermal plasma technology: The prospective future in material processing [J]. Journal of Cleaner Production, 2017, 142: 3131-3150.

第八节

数字人民币

刘 晶

中国是世界上最早使用货币的国家之一,在先秦时期就以海贝充当原始货币。所以,体现价值的汉字大多和"贝"有关(图1)。随着经济和技术的发展,我国货币经历了从天然贝币到金属币再到信用纸币的演变过程(图2)。

图1 体现价值的汉字

图2 货币的演变

随着我国数字化建设的发展,数字人民币(e-CNY)也应运而生。它是由中国人民银行发行的数字形式的法定货币,既是钱,也是电子支付工具,由国家提供信用担保和安全保障,可替代流通中的现金,也就是说,功能等同于纸钞和硬币,只不过形态是数字化的。

数字人民币的优点如下所述:

① 数字人民币的使用过程中只存在付款方和收款方,不需要银行、银联、第三方支付机构等第三方平台进行处理,其使用与使用纸钞一样,支付更快。

② 和纸钞、硬币相比,数字人民币不仅发行成本低,还能通过手机、IC卡和智能穿戴设备等多种终端实现双离线支付,只要手机上有DC/EP数字钱包,无须联网,只要两个手机碰一碰,就可以轻松地进行转账或者支付。既和现金一样便利,又能提高结算效率。

③ 数字人民币具有隐私性。商户和第三方平台无权获取消费者的身份信息和支付数据,能够有效保护隐私。

数字人民币的印制就是产生一串由中国人民银行签名过的特殊数字。和纸钞一样,

科学与生活

每一枚数字货币都有一个对应的冠字号。首先，根据冠字号、数字货币的面值和一个秘密数字，通过加密算法，生成一串加密的密码数字。然后，中国人民银行在这串加密的数字上签名，证明这是中国人民银行发行的法定数字货币，一枚数字人民币就产生了。

使用现代密码学中的非对称加密算法给数字签名。中国人民银行有两把不同的数字钥匙，一把自己保管，用于签名的私钥；一把公开给其他人，用来验证签名的公钥。给数字签名，就是用私钥对数字加密上锁。如果用配套的公钥能开锁得到正确的数字，就说明它不是伪造的！就像我国古代的兵符，配对成功，才能生效。数字签名防伪示意如图3所示。

图3　数字签名防伪

数字签名不仅可以用来防伪，还更安全，如果小偷偷到了现金，他可以拿去商店任意消费。而要消费数字人民币，必须用主人的私钥，也就是正确的密码解锁才行。所以，数字人民币安全性更高。除了防丢失，可监管，数字人民币还具备可控匿名和可追溯性，能在保护用户隐私的同时，为打击诈骗、洗钱等违法行为提供信息支持，维护金融稳定。

我们每天都在用微信、支付宝进行支付，数字人民币和它们相比，有如下明显区别。

首先，商户不可拒收。用支付宝或微信支付时，商户可以说，我这里只收现金、不接受支付宝和微信支付；而数字人民币是法定流通货币，和纸币、硬币一样，商户拒收可以报警，因为拒收现金是违法的。

其次，微信和支付宝属于第三方金融平台，具有钱包的功能，里面既能装银行存款货币，也能装数字人民币；而数字人民币是货币的电子化形式，等同于钱包里的钱，提现不需要手续费。

在政策的推动下，数字人民币的试点地域范围、运营机构以及应用场景越来越丰富。目前，数字人民币已经在支付宝、微信、中国联通App等多个场景和多个省市的试点地区呈现可用状态，数字人民币（试点版）App也已在苹果、华为、小米、vivo、oppo等应用商店公开上架。在北京冬奥会数字人民币试点取得成功的基础上，北京全域已经转为数字人民币的试点地区。

参考资料

[1] 姚前. 中央银行数字货币原型系统实验研究 [J]. 软件学报, 2018, 29 (9): 2716-2732.
[2] 宋永成, 黄欣沂, 伍玮, 等. 基于编码的数字签名综述 [J]. 网络与信息安全学报, 2021, 7 (4): 1-17.
[3] 杨磊, 白世坤. 数字证书系统的设计与实现 [J]. 电子技术与软件工程, 2022 (11): 254-258.

第九节

虚拟现实

吴谋硕

虚拟现实（virtual reality，简称 VR），最早由美国 VPL 公司创始人拉尼尔（Jaron Lanier）在 20 世纪 80 年代提出，又译作灵境、幻真，是近年来出现的图形图像领域的高新技术。虚拟现实是利用电脑模拟产生一个三维空间的虚拟世界，通过显示设备向用户呈现一个虚拟的特定环境，利用动作捕捉、运动模拟、位置空间追踪、传感器等设备，与特定环境产生互动，提供给使用者关于视觉、听觉、触觉等感官的模拟，让使用者身临其境一般，可以及时、没有限制地观察三维空间内的事物。生活中越来越常见的虚拟现实场景如图 1 所示。

图 1　生活中越来越常见的虚拟现实场景

虚拟现实是一项综合集成技术，涉及计算机图形学、人机交互技术、传感技术、人工智能等领域，它用计算机生成逼真的三维视、听、嗅觉等感觉，使人作为参与者通过适当装置，自然地对虚拟世界进行体验和交互作用。使用者进行位置移动时，电脑可以立即进行复杂的运算，将精确的 3D 世界影像传回产生临场感。该技术集成了计算机图形（CG）技术、计算机仿真技术、人工智能、传感技术、显示技术、网络并行处理等技术的最新发展成果，是一种由计算机技术辅助生成的高技术模拟系统。

虚拟现实行业发展至今经历了四个历史阶段。

第一阶段是 1962 年以前的概念萌芽期。19 世纪英国著名的物理学家查尔斯·惠斯通爵士（Charles Wheatstone），在 1838 年首次发现并确定立体图原理，并因此被授予皇家学会皇家奖章，这项研究促使他创造了立体镜。查尔斯·惠斯通爵士的研究表明，把同一个物体从不同角度拍摄的两张略有不同的图片摆放在一起观看，人脑会感觉到物体的 3D 立体感。此原理阐明了双目视觉的实现机制，在此理论基础上，惠斯通爵士发明了一种由棱镜和镜子组成的器材——立体镜，从而使人可以从两张略有不同的二维照片中观察到立体的三维效果。

第二阶段是 1962—1993 年的研发与军用阶段。该阶段仅限于研发，并没有生产出能交付到使用者手上的产品。

第三阶段是 1994—2015 年的产品迭代初期。日本游戏公司 sega 和任天堂分别针对游戏产业陆续推出 sega vr-1 和 virtual boy 等产品，在业内引起了不小的轰动。

第四阶段是 2016 年至今的产品成型爆发期。这一阶段产品拥有更亲民的设备定价、更强大的内容体验与交互手段，整个 VR 行业正式进入爆发成长期。

现阶段虚拟现实主要应用于游戏、影视、演艺、直播、社交、教育、旅游、实训、交易等，在未来几年 VR 社交将成为整个 VR 行业的终极内容平台，这种具有强交互沉浸性的内容能够真正打造出一个"平行世界"，将 VR 产业带向巅峰。

所谓虚拟现实，简单来说就是你看不到真实的周围环境，而只能看到非常逼真立体的虚拟画面，感觉这个虚拟的画面才是现实，而虚拟现实的画面之所以看起来这么立体，就是因为它模拟了人眼的视觉体验。

虚拟现实的核心技术在于显示、感知和控制。

在显示方面：通过凸透镜来放大人眼看到的即时图像范围，现在的 VR 眼镜大概会产生 90°～120° 范围的图像视野。左右眼每一时刻看到的图像是不一样的，是两幅区别左右眼位置的不同图像，从而产生很强烈的立体纵深感。

在感知和控制方面：通过头部的陀螺仪，当人转动头部时，陀螺仪能够及时地通知图像生成引擎，及时地更新画面，从而使人感觉到，自己是在看一个环绕的虚拟空间，从而产生 360° 的三维空间感（图 2）。一般的交互方式，各硬件设备公司都有专业的手柄，广义的交互方式还包含手势识别和语音识别。

我们做个小实验，当你分别遮住一只眼睛，用另外一只眼睛看你的左手时，你的两只眼睛各自看到的图像会有一些微小的差别，而当你摊开两只手，先盯着左手看，再盯着右手看，也就是眼睛聚焦到不同的手上时，会依次看到左手清晰右手模糊，以及左手模糊右手清晰的图像。正是因为人眼天然拥有以上这些视觉差异和变焦功能，眼前的这个场景才能在大脑的加工后变得立体和纵深，而传统相机的二维成像技术和人眼这些复杂功能比起来，简直不值一提。

那么，人眼这么复杂的视觉体验，虚拟现实又是怎么模仿出来的呢？我们现在就来揭晓谜底。

首先，如果把相机放在一个点上，拍摄广场上一远一近的两个人，那么当镜头对焦到

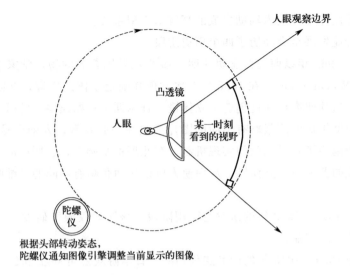

图 2　虚拟现实模拟人眼的视觉体验

不同的人身上时，就能拍到两张只有一个人清晰而其他部分虚化的照片，如图 3 所示。

图 3　虚拟现实原理解读一

如果在这两个人的斜后方再加一个人，整个场景里就出现了三个远近不同的人，那么镜头对焦在不同的人身上时，我们就能拍到三张只有一个人清晰而其他部分虚化的照片，如图 4 所示。

图 4　虚拟现实原理解读二

而如果不断地再向斜后方增加人数，那么这个相机就能拍摄出无数张只有一个人清晰而其他部分虚化的照片，如果把这些照片叠加在一起，它们实际上就粗略地组成了在这个角度上很多人站在一起的这样一个立体场景，如图5所示。换句话说，相机在这个点上能够看到的整个立体场景可以被竖着切成无数张切片，也就是无数张照片。

图5 虚拟现实原理解读三

而如果我们再模仿人的双眼，以及在不同位置上的视角，再把眼前的场景从各个角度都切片，那么整个场景里所有角度的切片叠加在一起，就最终组成了一个完整的立体场景。如图6所示。

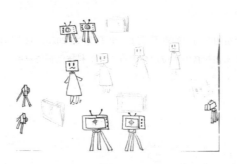

图6 虚拟现实原理解读四

而传统相机不管怎么变焦，都只能采集这整个场景中的一个切片，但现在的虚拟现实内容却可以通过同时采集整个场景中的很多切片甚至是所有切片，来生成一个模拟人眼视觉的切片数据库，这个数据库中的图像经过处理，就能在显示屏上复现出立体的场景了。如图7所示。

现在最先进的显示技术，甚至已经可以根据眼睛和身体的动作实时切换数据库中的切片，不管你在某个瞬间是移动了位置还是眼睛切换了焦点，计算机都可以通过算法筛选出你做出这个动作的瞬间应该看到的那一个切片，并且经过快速加工，把那个切片呈现在你眼前的显示屏上，也就是说随着你的动作变化，眼睛在这一瞬间应该看到哪张切片，虚拟现实就给你看哪张切片，这样你看着眼前这些人工加工的图像，就会感觉像在现实世界中一样了。

除了虚拟现实以外，应该还经常听到增强现实这个词。所谓增强现实（AR），就是看

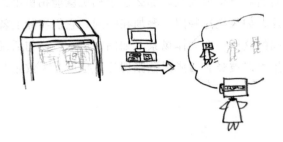

图 7 虚拟现实原理解读五

得到眼前的现实世界，但这个现实世界活生生被叠加上了虚拟的元素，比如你用手机扫描墙上的一个二维码，结果立刻就蹦出一只跳舞的小熊。所以虚拟现实和增强现实就像它们的名字一样，一个是完全脱离了现实的虚拟世界，一个是现实世界的加强版。

虚拟现实技术受到越来越多人的认可，用户可以在虚拟现实世界体验到最真实的感受，其模拟环境的真实性与现实世界难辨真假，让人有种身临其境的感觉，正是虚拟现实技术的存在性、多感知性、交互性等特征，使它受到了越来越多人的喜爱。

参考资料

[1] 任旭冉. 虚拟现实VR技术在图书馆中的应用 [J]. 电子技术, 2023, 52 (10): 96-97.
[2] 战怡霏, 王静. 虚拟现实技术在教育中的应用与困境 [J]. 科技创新与应用, 2023, 20: 191-196.

第四章

生命科学与食品科学

第一节
宝贵的种质资源

谭艳平

种质是决定遗传性状,并将遗传信息从亲代传递给子代的遗传物质。在遗传育种领域内,把所有具有一定种质或基因、可供育种及相关研究利用的各种生物类型称为种质资源。在漫长的历史过程中,种质资源积累了由自然和人工引起的极其丰富的遗传变异,是人类用以选育新品种和发展农业生产的物质基础,也是进行生物学研究的重要材料,是极其宝贵的自然财富,某种意义上种质资源也称为品种资源。现代的遗传育种研究不仅仅利用现有的种质资源,还可以进行染色体工程或基因工程改良,故也常称种质资源为遗传资源或基因资源。一些常见的种质资源如图1所示。

图1 种质资源

种质资源是作物育种工作的物质基础。作物育种成效的大小,很大程度上取决于掌握种质资源数量的多少和对其性状表现及遗传规律研究的深浅。

20世纪20年代,苏联学者瓦维洛夫提出了作物起源中心学说。其内容包括:自然界植物物种分布不平衡;植物遗传类型的形成与地区生态环境有关;遗传类型多样、分布较为集中的地区很可能是起源中心;遗传上的显性性状可以看作是起源中心的标志。

种质资源按其来源分为四类:本地种质资源、外地种质资源、野生种质资源和人工创造的种质资源。

本地种质资源指在本地区经过长期的自然选择和人工选择形成的地方品种，包括古老的地方品种和当前推广的改良品种，具有高度的地区适应性。

外地种质资源指引自外地或外国的种质资源，具有生态类型的多样性和对本地生态条件的不完全适应性。

野生种质资源指在育种上有利用价值的各种野生种和近缘类型，具有整体性状的不良性、高度的遗传复杂性和高度抗逆性。

人工创造的种质资源指人工创造的中间材料或突变体。人类通过诱变、杂交等手段创造的各种突变体及其他育种材料，俗称中间材料，具有特殊的遗传变异性。

种质资源的保存可分为种植保存、贮藏保存和试管保存等。

种植保存（图2）：就是将种质资源的种子在田间种植，进行自我繁殖。为了保持种质资源的种子或无性繁殖器官的生活力，并不断补充其数量，种质资源材料必须每隔一定时间播种一次。当发芽率下降到50%时必须种植一次。按集中和分散保存的原则，分为原地种植保存和迁地种植保存两种。

图2　种植种存

贮藏保存（图3）：通常用控制温度和湿度的方法来长期保持种质资源种子的生活力，采用种质资源库保存。种质资源库分为三种。①长期库温度控制在 $-10 \sim -20℃$，相对湿度控制在30%，入库种子含水量为5%～6%，存放在真空包装的铝盒中。长期库中种子寿命可达30～50年，甚至百年以上。②中期库温度控制在0～5℃，相对湿度45%，入库种子含水量为8%～9%，放在密闭的铝盒或玻璃容器中。中期库的种子寿命可达25年。③短期库温度为15～20℃，相对湿度50%左右，种子含水量低于12%，种子容器不严格要求。短期库中的种子寿命为2～5年。

图3　贮藏保存

试管保存（图4）：对组织或细胞培养物保存的一般方法，作定期的继代培养和重复转移，可在-20～-196℃的冷冻条件下实现对培养物的长期保存。作为保存种质资源的细胞或组织培养物有愈伤组织、悬浮细胞、幼芽生长点、花粉、花药、体细胞、原生质体、幼胚、组织块等。

图4 试管保存

种质资源的研究是一个由简单到复杂的过程。先是代表型研究，主要研究内容是农艺性状、产量、品质和抗性；随后要深入每个性状的遗传规律和遗传物质基础的研究，一般是种质资源工作者与其他学科工作者协作进行深入研究。

种质资源创新包括创造新作物、新类型以及在良好的遗传背景中导入或诱发个别优异基因。种质资源创新的过程，就是对种质资源预先采取某种育种手段和方法进行转换的过程。种质资源创新的主要途径包括：①远缘杂交；②种内杂交；③人工诱变。

种质资源的利用则是作物种质资源研究工作的最终目的。种质资源的利用方式分为：①直接利用，对于引进的品种、品系等，通过引种试验，如有利用价值，即可在生产上直接利用，往往会收到可观的效益。②间接利用，对于远缘种属材料，要通过加工、改造、选择之后，才能用于驯化栽培，或用作杂交亲本和诱变材料，从而培育出新作物或新品种。

20世纪50年代，中国发现和利用了广东的矮脚南特和广西的矮仔占等水稻矮源，从而育成了广场矮、珍珠矮等一批高产、抗倒的矮秆水稻良种，实现了品种矮秆化，使水稻亩产由200～250公斤提高到300～350公斤以至500公斤。70年代袁隆平团队发现和利用野败型雄性不育水稻种质，使水稻杂种优势利用的研究获得了突破性的进展，并为以后水稻杂交种的选育和利用奠定了基础，使我国在杂交水稻利用方面走在世界前列。随后发现的光敏雄性核不育水稻种质，促进三系杂交组合向二系杂交组合的发展。杂交水稻被称为"东方魔稻"，杂交水稻的出现，在很大程度上解决了中国人的吃饭问题，同时能够有效地缓解世界性的粮食安全问题。

20世纪70年代后，我国作物种质资源保存方法有了突破性进展，于1984、1986年分别建成两座大型的国家种质库，中国农业科学院几个专业所及一些省市农科院也建了10多座种质库，大大改善了我国作物种质资源的贮藏条件。今后还要完善配套长、中、短期种质库，健全和加强自然保护区的品种资源，保持世界作物种质资源大国的地位。

2021年底,我国已建成并完善了由 1 座长期库、1 座复份库、10 座中期库、43 个种质圃、205 个原生境保护点以及种质资源信息中心组成的国家作物种质资源保护体系;成立了农业农村部作物种质资源保护与利用中心,保存资源总量突破 52 万份,位居世界第二。

2020 年 12 月,中央经济工作会议明确提出,要加强种质资源保护和利用,加强种子库建设。要尊重科学、严格监管,有序推进生物育种产业化应用。要开展种源"卡脖子"技术攻关,立志打一场种业翻身仗。种质资源既是发展种业的种源,也是人类社会可持续发展的根本。制定合理的种质资源保护策略,加强对生物多样性的保护、维持和可持续利用,关系到国民经济发展和社会稳定。

参考资料

[1] 杨利民. 植物资源学 [M]. 北京:中国农业出版社,2008.
[2] 杨利民. 野生植物资源学 [M]. 3 版. 北京:中国农业出版社,2017.
[3] 王慷林,李莲芳. 植物学 [M]. 北京:科学出版社,2014.
[4] 郭巧生. 药用植物资源学 [M]. 2 版. 北京:高等教育出版社,2017.
[5] 李道品,张文英. 物遗传育种 [M]. 北京:中国农业大学出版社,2016.

第二节

发酵肉制品及其安全性

王海英

1. 发酵肉制品及其分类

发酵肉制品是指动物肉（通常指猪肉或牛肉）经微生物发酵，形成具有微生物特性和典型发酵香味的肉制品，具有营养价值高、风味独特及货架期较长等特点。在我国，发酵肉制品也有着悠久的历史，主要是以自然发酵工艺生产的发酵肉制品，主要包括发酵灌肠制品（图1，如广式腊肠、湘西腊肠等）和发酵火腿（如金华火腿、云南宣威火腿等）。

图 1　发酵灌肠制品

2. 用于发酵肉制品的微生物

目前应用于肉制品发酵剂的微生物主要包括细菌、酵母菌和霉菌。不同微生物对发酵肉制品品质的形成起到不同的作用。

① 细菌　主要有乳酸菌、微球菌和葡萄球菌、灰色链球菌、气单胞菌等。乳酸菌[图

2(a)]可分解碳水化合物形成乳酸,降低 pH 值,降低蛋白质的保水力,有利于保持干燥,提高保藏性,对产品稳定性起决定性作用,常见的有乳酸片球菌和乳杆菌。微球菌和葡萄球菌[图 2(b)]可分解脂肪和蛋白质,还原硝酸钠为亚硝酸钠,改善产品的风味。灰色链球菌可改善发酵香肠的风味。气单胞菌有利于风味的形成。

② 霉菌 主要有青霉菌,包括产黄青霉菌[图 2(c)]和纳地青霉菌等,可通过发达的酶系分解蛋白质和脂肪,提高香肠风味。存在于香肠表面隔氧,防止香肠腐败。

③ 酵母菌 主要有汉逊氏巴利酵母和法马塔假丝酵母,可耐高盐,好气,有较弱的发酵性,一般生长在香肠的表面,可提高香肠风味。酵母菌如图 2(d) 所示。

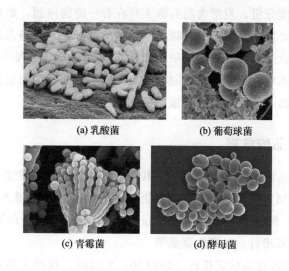

(a) 乳酸菌　　　　(b) 葡萄球菌

(c) 青霉菌　　　　(d) 酵母菌

图 2　用于肉制品发酵的微生物

3. 发酵肉制品独特风味的形成

在微生物和酶的作用下,不同营养素在发酵过程中的物理化学变化导致了风味的变化。

① 蛋白质被分解形成游离氨基酸,进一步生成小分子的羧酸、醇类、酯类等,这些小分子物质对产品最终风味的形成起着重要作用。

② 发酵过程中约有 50% 的葡萄糖发生代谢,生成以乳酸为主的有机酸,乳酸的产生伴随 pH 值的下降,酸味的产生能够掩盖产品的咸味,从而改变产品风味。

③ 发酵过程脂肪代谢产生的游离脂肪酸和羰基化合物被认为是发酵香肠风味的主要组成成分。

4. 发酵肉制品的安全性

① 微生物　肉制品中致病微生物主要来源于肉原料及发酵过程。较常见的金黄色葡萄球菌可能在发酵产酸之前或当中生长并产生肠毒素;产品中可能有致病性细菌如沙门氏菌和李斯特菌存活;由霉菌成熟的香肠可能会有产真菌毒素的霉菌生长。近年来,许多国

家如英国、德国、法国、爱尔兰和美国等均有食用发酵香肠导致沙门氏菌感染的报道。

② 生物胺和亚硝胺的产生　生物胺是许多细菌、酵母菌、霉菌发酵过程中固有的代谢产物。在发酵过程中产生的常为组胺,是生物胺中危害性较强的,会导致人体产生晕厥、呕吐等急性中毒症状。

发酵肉制品使用亚硝酸盐作为腌制剂,亚硝酸盐可以抑制许多腐败菌、病原菌的生长且能够促进肉类形成粉红色的明亮色泽。然而硝酸盐/亚硝酸盐通常被认定为致癌物 N-亚硝胺的前体物,残留的亚硝酸盐可以和胺类物质生成亚硝胺,从而诱发胃部等发生癌变。腌肉制品中亚硝酸盐的残留量以 $NaNO_2$ 计不得大于 $30mg/kg$。

从食品安全的角度分析,发酵肉制品确实存在着一定的问题,如高盐和生物胺及亚硝酸盐含量超标等,但是鉴于其特殊的风味与消费者的嗜好,其市场占有率在国内外仍然是比较高的。随着现代食品生物技术的发展,微生物育种、发酵工程技术、基因工程技术、酶工程技术及灭菌技术将运用到发酵肉制品的生产中,强化发酵肉制品的优点,减少发酵肉制品的缺点,生产出高品质、营养健康的功能性发酵肉制品。

5. 警惕高盐食品的危害

我国居民存在严重的高盐饮食现象。尤其是随着生活方式的转变,除了家庭烹饪添加的食盐,加工食品,如发酵肉制品等高盐食物提供的食盐量占总摄入量的比例越来越高。高盐食物是指每 $100g$ 食物中含盐量超过 $1.5g$ 或含钠量超过 $0.6g$ 的食物,生活中常见的高盐食物有腌咸菜、调味料、发酵肉制品等。

《中国居民营养与慢性病状况报告(2020年)》显示,我国人均每日食盐摄入量约为 $9.3g$,均高于世界卫生组织和《中国居民膳食指南》推荐摄入量。降低钠盐添加量已成为我国营养健康膳食中需要迫切关注的问题。《健康中国行动(2019—2030年)》提出盐的摄入量要控制在 $5g$ 以内,《中国居民膳食指南(2022)》也推荐成年人每天摄入食盐不超过 $5g$。

(1) 高盐食品对身体健康的危害

高盐饮食已被证明是引发高血压的重要原因,研究发现控制食盐摄入量能有效平稳血压。高钠饮食会直接增加患心血管疾病和中风的风险。高盐饮食也是引发胃癌的重要因素,钠摄入为 $3\sim5g/d$ 和大于 $5g/d$ 的人患胃癌风险分别是钠摄入小于 $3g/d$ 的人的 1.95 倍和 3.78 倍。对于儿童,食盐摄入过多同样具有危害,且年龄越小,伤害越大。高盐饮食会导致儿童发生心血管疾病、上呼吸道感染、锌缺乏症的风险增加。

(2) 控盐的方法

① 估算每日食盐摄入量。粗略估算平常做菜的用盐量,在购买食物时可以通过包装上营养成分表标注的钠含量对盐的摄入量进行计算,通过食用量粗略估算自己每天食盐摄入量,盐的摄入量要控制在 $5g$ 以内。

② 认识高盐食物。要认识到加工肉制品、咸菜制品、方便食品、零食等食物含有大

量的盐,要有意识地控制高盐食品的摄入量。建议选择食用新鲜的肉类、蔬菜和蛋类。

③ 选择合适的盐。可用"低钠盐"代替普通盐。低钠盐的钠含量比较低,主要以碘盐为主,然后再添加一些氯化钾来替换钠。但这种盐不适合部分服用降压药的高血压患者、肾功能障碍者、重体力劳动强度工作者、高温作业者食用。

参考资料

[1] 张兰威. 酵食品工艺学 [M]. 北京:中国轻工业出版社,2011.
[2] 刘世欣,张雅玮,郭秀云,等,肉制品绿色制造——低钠干腌肉制品研究进展 [J]. 肉类研究,2020,34(2):82-87.
[3] 岳喜庆,邵俊花,李春强,等. 动物性食品加工学. 中国大学慕课网,沈阳农业大学,2020.
[4] 林建和. 肉制品加工技术. 学银在线,内江职业技术学院,2018.
[5] 赵百终,姜旭德,王洋,等. 肉制品加工与检验技术. 智慧树,黑龙江民族职业学院,2019.

第三节

植物也会流汗吗

刘 虹

相信大家都有过夏天被热到冒汗的经历,但是你知道吗,植物也会出汗!与我们人类不同的是,植物并不是被热到流汗。"植物流汗"在植物学里叫作"吐水现象"。

在温暖潮湿的清晨,常常可以在许多植物叶片的尖端或边缘看到晶莹的水珠(图1),人们往往认为这是露珠。其实不然,它是植物固有的一种生理现象——吐水。吐水是植物叶片内的一种叫作排水器的分泌结构,把植物体内多余的水分以液态形式排出体外的过程。

图1 植物吐水

许多植物,如番茄、黄瓜、卷心菜、草莓、旱金莲、地榆、牛膝菊等等,在蒸发量较低而土壤湿度较高时,都会出现吐水现象。在热带雨林植物以及沉水植物中,吐水现象更为普遍。

那么,植物是怎样吸收水分,又是如何将多余的水分排出细胞并排到叶片外的呢?我们知道,植物是地球上最古老、生态系统金字塔最底端的生物,目前地球上已知的植物种类大约有40万种。广义的植物包括七大类,按从低等到高等的顺序排列依次是:藻类植物、菌类植物、地衣植物、苔藓植物、蕨类植物、裸子植物和被子植物。前三类是低等植物,后四类是高等植物。高等植物大部分都具有六大器官,分别为根、茎、叶、花、果实和种子，这六大器官各司其职，保障植物体茁壮健康地成长（图2）。

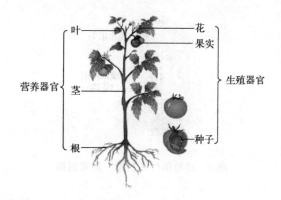

图2 植物的六大器官

首先，我们来看看植物的根，它的主要功能是吸收和固着，根里面有一根根比我们的头发丝还要细的小管子一样的结构，叫作导管，它们负责从土壤里面吸收水分和一些液态的营养物质，然后由下往上输送到整个植物。

其次，我们再来看看植物的茎，茎里面也有很多叫作导管的小管子，茎中心的导管连接着根里面的导管，负责向上输送水分，茎边缘例如树皮里面的小管子称为筛管，负责将植物叶片光合作用制造的能量从上往下输送到整个植物体。

植物的导管和筛管如图3所示。

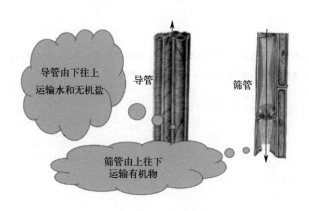

图3 植物的导管和筛管

从下往上，根从外界吸收水分以后通过小管子一路向上，通过茎以后来到枝条和叶柄，最后从叶片背面的气孔散播到空气中，这就是蒸腾作用。

气孔是植物和外界环境进行气体分子等物质交换的通道。白天的时候，气孔开放，植物可以通过蒸腾作用蒸发释放多余的水分。晚上，叶片上的气孔会关闭，在温度高、湿度大的天气，植物从根部吸收的水分大于植物的消耗，多余的水分就从叶片边缘或叶尖的地方排出去形成水珠，挂在叶片上，晶莹剔透，非常漂亮。植物的气孔及输、通水组织如图

4 所示。

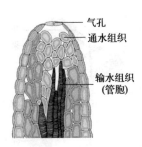

图 4　植物的气孔及输、通水组织

吐水现象往往发生在暖湿的夜间或清晨，看到吐水就表示植物体内的水分已经很多了，这个时候就不能给植物浇水了。如果这时还继续浇水，植物吸收了过量的水分就必须要找一个出口排出，可能会撑破叶片薄弱处的细胞，导致液滴出现在叶片的表面，形成"水肿"，而水肿不仅对植物有害，还会直接影响形貌。

露水和吐出的水看起来很相似，但有经验的植物学家一眼就能辨别。因为露珠可以在叶面的任何地方形成，水滴很小，一年四季都会出现，尤其秋季最常见；而吐出的水珠通常只出现在叶缘和叶尖，水滴也比较大，通常出现在炎热的夏季。当然，露水和吐出的水所含成分也有区别，只不过用肉眼无法分辨罢了。

参考资料

[1] 刘亚丽，丁义峰. 植物吐水实验影响因素的研究 [J]. 实验室科学，2011，14（2）：100-104.
[2] 汤丽莎. 露和植物吐水的区分与鉴别 [J]. 广西气象，2005，26（S1）：189.

第四节

生物入侵与生物安全

覃 瑞

外来生物入侵，是指对于一个特定的生态系统与栖息环境来说，非本地的生物物种（包括植物、动物和微生物）通过各种方式进入此生态系统，并对生态系统、栖息环境、物种、人类健康带来威胁的现象。

但是，外来物种并不都是入侵物种，"外来入侵物种"和"外来物种"是两个不同的概念，是否属于入侵物种需要进行长期的科学评估。但只要是外来物种，不管有没有被列入名录，都有严格的管理规定。比如《中华人民共和国生物安全法》第六十条第三款明确规定，任何单位和个人未经批准，不得擅自引进、释放或者丢弃外来物种。

生物安全是指国家有效防范和应对危险生物因子及相关因素威胁，生物技术能够稳定健康发展，人民生命健康和生态系统相对处于没有危险和不受威胁的状态，生物领域具备维护国家安全和持续发展的能力。生物安全是国家安全的重要组成部分，关乎人民生命健康、经济社会发展，是事关国家与人类生存发展的大事。外来物种入侵已成为威胁国门生物安全的重大问题，特别是近年来随着国际贸易发展、人口流动加速等，外来物种传播的概率倍增，更值得警惕和注意。

20世纪80年代以来，外来物种在中国呈现出更快的增长趋势，近10年来，新增入侵物种近50种，20余种危险性入侵物种接连暴发成灾。外来生物入侵范围也相当广泛，涉及农田、湿地、森林、河流、岛屿、城镇居民区等几乎所有生态系统。中国已成为世界上遭受外来生物入侵最为严重的国家之一，截止到2020年6月，中国已发现660多种外来入侵物种。其中，71种对自然生态系统已造成或具有潜在威胁并被列入《中国外来入侵物种名单》，对中国生物多样性、农牧业生产等构成巨大威胁。据统计，在世界濒危物种名录中的植物，有35%~46%是由外来生物入侵造成的。最新的研究表明，生物入侵已成为导致物种濒危和灭绝的第二大因素，仅次于生态环境的丧失。

外来物种的入侵，无论是人为因素还是偶然事件，都会改变或者破坏地方原有生态系统的生态特性。

（1）外来入侵生物破坏地方生态系统的过程

地方生态系统经过长期的进化，物种与环境形成了一个相对稳定的平衡，而外来的物种到了一个新环境，没有天敌，环境又适合它生长，常常大量繁殖而占有生态位，排斥原有物种，进而影响当地的物种，甚至使当地物种灭绝！外来入侵生物会导致地方生态系统物种多样性和基因多样性的丧失。

图1为原产地为巴西的入侵植物水葫芦对水体富营养化和航道的影响。

图1 水葫芦入侵

湿地因其易变性的特点表现出生态系统的脆弱性。当水量减少以至干涸时，湿地生态系统演化为陆地生态系统；当水量增加时，该系统又演化为湿地生态系统，水文决定了系统的状态。因此，湿地生态系统容易受到外来物种的入侵。

（2）生物入侵的具体危害

生物入侵的第一种后果，就是造成了严重的经济损失。生物多样性和生态系统服务政府间科学政策平台（IPBES）2023年9月发布报告，称外来物种入侵每年给全球造成的经济损失在2019年就已超过4230亿美元，且该损失自1970年来每十年至少翻两番。

第二种后果，就是导致了严重的生态灾难。比如铺天盖地的薇甘菊，漫山遍野的紫茎泽兰，所到之处不仅使当地的生物多样性降低，物种消失甚至灭绝，还会导致当地生物的遗传侵蚀等。

第三种后果，就是给人类健康和社会稳定带来了巨大的影响和威胁。比如，人被红火蚁叮咬以后，如果抢救不及时可以导致丢失性命。又如福寿螺，可以携带广州管圆线虫，人们食用没有完全熟透的福寿螺，会导致脑膜炎的发生，甚至引发死亡。豚草的花粉甚至叶片会导致敏感人群过敏，并引发枯草热症等。

第四种后果，是严重制约我国的对外贸易。比如小麦矮腥黑穗病（TCK），是我国严防传入的一种小麦真菌性病害，一旦发生，将严重制约我国的粮食产量。

（3）外来入侵生物的一般特点

第一，生态适应能力强。主要表现为遗传多样性高，抗逆性强，生态位广；种子可以休眠，以保证在特定时期萌发；能产生抑制其他植物生长的物质；具有能够刺伤动物并引起动物反感的棘刺等；植物的光合效率高。

第二，繁殖能力强。主要表现为能通过种子或营养体大量繁殖，世代短，能在不利环境下产生后代；植物的根或根茎内贮存有大量营养，具有很强的无性繁殖能力。

第三，传播能力强。主要表现为有适合通过媒介传播的种子或繁殖体，传播率高；善于与人共栖，容易通过人类活动传播。

（4）针对外来生物入侵的措施

对待日趋严峻的入侵物种问题，目前还没有一个比较完善的防治系统，这可能与入侵物种不同的生物特性有关。应将国际上的先进经验和我国实际相结合，完善现有的外来入侵物种管理和控制体系，将入侵物种控制在经济允许范围内，甚至消除。除此之外，在入侵物种与其他物种形成食物链或相依的情况下，在制定防止入侵物种的计划时，还要考虑到生态系统的稳定，作好评估并进行严谨的设计，确保计划顺利实施。

2021年1月20日，农业农村部、自然资源部、生态环境部、海关总署、国家林草局联合发布《进一步加强外来物种入侵防控工作方案》。该方案从总体要求、开展外来入侵物种普查和检测预警、加强外来物种引入管理、加强外来入侵物种口岸防控、加强农业外来入侵物种治理、加强森林草原湿地等区域外来入侵物种治理、加强科技攻关、完善政策法规、完善防控管理体制、加强宣传教育培训等十个方面，详细规划了外来物种入侵防控工作的未来。

2021年4月15日，《中华人民共和国生物安全法》正式施行，进一步加强了对外来物种入侵的防范和应对，保护了生物多样性。

（5）几种入侵生物

① 加拿大一枝黄花　加拿大一枝黄花（图2）既可以无性繁殖，又可以有性繁殖，二者相结合繁殖能力超强。一株植株就有2万多颗种子，传播能力强；种子非常轻，风一吹就能传播得很远；生长期长，主要在秋冬季成熟，抢占和侵害了其他植物的生存空间。加拿大一枝黄花的危害在于它容易将附近的土地变成单一加拿大一枝黄花生长区，还能分泌出一种物质，这种物质能抑制包括自己在内的植物发芽生长，对其他植物的危害极大。一株加拿大一枝黄花两年内就能形成五十多株独立植株，并且它的茎秆插到土中也能生长成独立的植株。

图 2　加拿大一枝黄花

② 福寿螺　入侵动物福寿螺（图3），也叫大瓶螺，虽然名字很中国化，却是亚马孙河的原产物。福寿螺于1981年作为经济螺种引入我国进行人工繁殖，后来因为肉质比较粗糙、口感不是很好等原因，而被放弃养殖，变为野生。目前已在我国的广东、广西、福建、四川、江西、海南、湖南、云南等地普遍出现。福寿螺可以取食、危害水稻、莲藕、水仙等水生植物，是我国南方水域的一大祸害。福寿螺危害水稻，可以咬断水稻主蘖及其有效分蘖，导致水稻减产20％以上。

图3　福寿螺

其实早在20世纪80年代福寿螺刚引进时，就有养殖户反映食用福寿螺后会出现头痛等症状，检测发现其体内含有一种管圆线虫，因为在广州检出所以称为广州管圆线虫。如果人食用生的或者是加热不彻底的福寿螺，可被感染广州管圆线虫，引起人体嗜酸性粒细胞增多性脑膜炎与脑膜脑炎，引发头疼、头晕、发热、颈部僵硬、面部神经瘫痪等症状，严重的还会出现瘫痪、嗜睡昏迷甚至死亡。

③ 巴西龟　巴西龟（图4）又称为红耳龟，在市面上经常被叫作后者。巴西龟原产于巴西，个别种产于美国的密西西比河。巴西龟是世界公认的生态杀手，已经被世界环境保护组织列为100个最具破坏性的物种之一，多个国家已将其列为危险性外来入侵物种，中国也已将其列为外来入侵物种。

图4　巴西龟

巴西龟能蔓延开来主要是繁殖力强、好养，一些商贩用它代替土生土长的乌龟卖给消费者，然后一些人拿去放生，导致迅速泛滥。

参考资料

[1] 马金双. 国外来入侵植物志 [M]. 上海：上海交通大学出版社，2021.
[2] 刘海霞，黄兆琴，沈宏. 环境生态概论. 中国大学生慕课网，江苏城市职业学院，2020.

第五节

奇特的生物——病毒

王朝元

1. 病毒和病毒感染

病毒是什么？它对我们有什么影响？今天我们就来聊聊病毒。

病毒曾经给人类造成巨大的灾难。据统计，人类经历过的最严重的传染病的前三名分别是黑死病、天花和西班牙流感，它们分别导致了7500万、5600万和5000万人死亡。这三种传染病中，天花和西班牙流感分别是由天花病毒和流感病毒感染引起的。

病毒是一种古老的生物。我们从古希腊的岩画上就可以看到被病毒感染后身体残疾的人像。可以说，从那个时代开始人们已经开始意识到病毒的存在。在出土的木乃伊面部有类似于天花病毒感染后留下的痘，这些都是数千年前人类被病毒感染的证据。但是，这种病是如何发生的？由什么引起？人被病毒感染的过程等一系列问题尚不清楚。可以这样说，自从人类诞生以来，我们与病毒的战争就没有停止过。

（1）病毒的特性

病毒是一种以复制方式增殖的非细胞型生物。与其他生物体不同的地方有以下几点：形体微小，只有在电子显微镜下才能观察到；结构简单，无细胞结构，是唯一没有细胞结构的生物；严格的细胞内寄生；以复制方式增殖；对抗生素不敏感。根据病毒感染的对象不同分为动物病毒、植物病毒、昆虫病毒、细菌病毒（噬菌体）、真菌病毒、类病毒和朊病毒。部分病毒如图1所示。

（2）病毒的发现

在病毒发现中具有决定性意义的事件发生于1887年，Adolf Eduard Mayer［图2(a)］发现，取自患烟草花叶病叶片的提取液可以导致健康烟草患上相同症状的病。因此，他断定，烟草花叶病的病原体应该是一种传染性因子。1892年，Dimitri Ivanovski［图2(b)］重

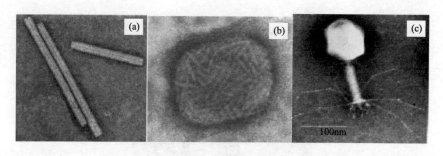

图 1　植物病毒、动物病毒和细菌病毒
(a) 植物病毒（烟草花叶病毒）；(b) 动物病毒（天花病毒）；(c) 细菌病毒（噬菌体）

复了 Adolf Eduard Mayer 的实验，并进一步证实，患病烟草组织提取液经过细菌滤器后的滤液依然具有传染性。所以，他将其称为滤过性病原因子。这显然是一个重大的突破。因为，在此之前，人类已知的最小微生物是细菌。而细菌是无法通过细菌滤器的。1898年，Martinus Beijerinck[图 2(c)]重复了 Dimitri Ivanovski 的工作，并进一步发现该病原可以在琼脂凝胶中扩散，这是细菌所不具备的特点。因此，他认为，导致烟草花叶病的病原体应该是一种比细菌更小的微生物，称为传染性活液（contagium viram fluidum），并为其定名为病毒（virus）。

图 2　德国科学家 Adolf Eduard Mayer（1843—1942）(a)，俄国科学家 Dimitri Ivanovski
（1864—1920）(b) 和荷兰科学家 Martinus Beijerinck（1851—1931）(c)

1898 年德国细菌学家莱夫勒（Friedrich Loeffler）和弗罗施（Paul Frosch）（图 3）发现口蹄疫也是由滤过性病原体引起的，首次证实了口蹄疫病毒（动物病毒）的存在。

1915 年，英国科学家 Frederick W. Twort 发现一种可以杀死并裂解细菌的微生物的存在，但是，他没有给该微生物命名。同年，加拿大医学、细菌学家费利克斯·德赫雷尔（Felix d'Herelle）也发现了这种可以吞噬细菌的微生物，并取名噬菌体（bacteriophage）。早期认为，噬菌体即细菌病毒，后来发现了越来越多的可以感染真菌和藻类的噬菌体。现在科学界普遍认为，噬菌体是能够感染细菌、真菌、藻类、放线菌或螺旋体等微生物的病毒的总称。

（3）病毒的感染

病毒感染就是指病毒侵入机体，并在体内易感细胞中复制增殖的过程。

图 3　德国科学家 Friedrich Loeffler（1852—1915）(a)
和德国科学家 Paul Frosch（1860—1928）(b)

病毒进入机体的途径根据病毒的种类而异，但以皮肤、呼吸道、消化道、泌尿生殖道、眼睛的黏膜等为主要的侵入门户。呼吸道：流感病毒、天花病毒等。消化道：多为无包膜病毒，如脊髓灰质炎病毒等。泌尿生殖道：HIV 病毒等。血液：经输血或血制品，如 HIV 等。皮肤：通过皮肤损伤，如动物咬伤（狂犬病毒等）。

（4）病毒的增殖（病毒复制）

① 吸附。病毒结合到细胞受体上。
② 穿入（侵入）。病毒越过浆膜进入细胞。
③ 脱壳。核酸从衣壳释放出来。
④ 生物合成。基因组的复制，蛋白质的合成。
⑤ 组装。核酸被病毒衣壳蛋白包围，形成衣壳。
⑥ 释放和成熟。

（5）病毒感染对细胞的损害

① 溶细胞作用。病毒在细胞内复制后，细胞被裂解，导致组织的结构受损。
② 细胞功能受损。病毒在细胞内复制，导致细胞负担加重，最终功能受损乃至死亡。
③ 病毒感染诱发细胞凋亡。
④ 导致癌变发生。病毒感染导致细胞转化，一些逆转录病毒等感染细胞后，导致细胞恶性增生，这就是我们常说的癌症的发生。

由于病毒感染对细胞功能产生了不利影响，因此，病毒感染对机体的组织和器官也会造成损害。主要有以下几个方面：①病毒对亲嗜性组织和器官的损害。②病毒感染导致免疫病理损害。③免疫系统抑制。

也许有人会问，既然病毒感染造成身体的损害，而我们每天接触很多的动物、植物和细菌，这些动植物和细菌都带有大量的病毒。那么，我们会不会被这些病毒感染？首先看看动物病毒。动物病毒感染必须通过吸附蛋白与细胞表面受体特异结合才能启动。其他动物细胞和人类细胞的细胞表面受体不同，因此，大部分动物病毒一般不会直接感染人类。

但是，感染其他动物的病毒可以有条件地感染人类。因为有些动物与人类的亲缘关系特别近，细胞表面受体很相似，因此，动物病毒也可以感染人类，比如狂犬病毒就可以由狗传染给人。植物病毒是不会感染人类的，因为植物细胞与动物细胞差别很大。噬菌体也不会感染人类。

2. 病毒的防治

病毒的防治方法主要有疫苗、被动免疫和干扰素等三种。

（1）疫苗

疫苗是唯一的防治病毒性疾病的特效药，是用各类病原微生物制作的用于预防接种的生物制品。简而言之，我们将获得的病原微生物经过适当处理去毒后，注射到身体里面，使其刺激我们的免疫系统启动特异性免疫，如果以后再次遇到同样的微生物侵染，机体就可以迅速启动特异性免疫，遏制微生物在体内的繁殖，保护机体。18世纪末期，英国的乡村医生爱德华·琴纳（Edward Jenner）发明了用牛痘疫苗防治天花。这是世界上第一次用疫苗防治病毒。世界上第一例人工研制的疫苗是狂犬疫苗。从此，人类社会进入了依靠疫苗抗击病毒感染的时代。到现在为止，人类已经通过疫苗消灭了天花病毒，控制了脊髓灰质炎病毒和狂犬病毒的蔓延。可以这样说，疫苗技术的应用彻底改变了人类的命运。

（2）被动免疫

被动免疫是机体被动接受抗体、致敏淋巴细胞或其产物所获得的特异性免疫能力。简单来说，被感染后痊愈患者自身产生了大量的抗病毒的抗体。因此，抽取痊愈患者的血液，经过抗凝、离心等方法除去血细胞后，将该血浆作为外源性抗体输入其他患者体内，血浆中的抗体将辅助受体有效抵抗该病毒。这种方法称为被动免疫。被动免疫有其优缺点。优点为效应快，一经输入，立即获得免疫力。缺点是维持时间短，血浆来源有限，成本较高。

（3）干扰素

《英国药理学杂志》报道，干扰素α不仅有效抑制病毒的复制，早期干预还可以提高机体天然免疫能力，使易感细胞处于抗病毒状态。因此，在感染早期，补充外源性干扰素α，有助于清除病毒，缩短病程，提高患者治愈率。但是干扰素α用药过晚可能加剧体内细胞因子风暴。

参考资料

王小纯. 病毒学［M］. 北京：中国农业出版社，2007.

第六节

食品安全知多少

徐 鑫

转基因技术是利用现代生物技术,将人们期望的基因导入目标生物体的基因组中,从而改善生物原有的性状或赋予其新的优良性状。转基因生物是指通过转基因技术改变基因组构成的生物。转基因食品是指以转基因生物为原料加工或鲜食的食品。

国内市场上常见的转基因食品主要是木瓜、大豆油、菜籽油。除试点种植的转基因玉米、大豆外,我国目前大面积种植的转基因作物还有抗虫的棉花和抗病的木瓜。批准进口的有转基因棉花、玉米、大豆、油菜、甜菜、木瓜、苜蓿、甘蔗及其相应的加工品,其中甜菜、木瓜、甘蔗等进口极少。转基因玉米主要用作饲料,大豆、油菜主要用作饲料和用于榨油。

转基因育种技术与传统育种技术有什么区别?转基因育种技术与传统育种技术一脉相承。传统育种是依靠品种间的杂交实现基因重组,而转基因育种是通过基因定向转移实现基因重组,两者本质上都是通过改变基因及其组成以获得优良性状的。传统育种相当于将全部基因组进行重组,而转基因技术育种仅仅转入所需要的基因。转基因育种的优势在于可以实现跨物种的基因发掘,拓宽遗传资源的利用范围,实现已知功能基因的定向高效转移,使生物获得人类需要的特定性状,为高产、优质、高抗农业生物新品种培育提供了新的技术途径。这种基于对基因进行精确定向操作的育种方法,效率更高,针对性更强。传统育种技术和转基因技术区别如图1所示。

转基因食品安全是否有权威结论?答案是肯定的。即通过安全评价、获得安全证书的转基因生物及其产品都是安全的。转基因食品上市前要通过严格的安全评价和审批程序,而一般食品不进行安全评价。对转基因食品的安全性评价远比普通食品要严格得多。有人说,转基因食品要绝对安全才吃,怎样才能绝对安全呢,事实上,世界上不存在一种食品是绝对安全的。而我们的安全评价准则就是让转基因食品和普通食品一样安全,甚至更安全。国际食品法典委员会制定的一系列转基因食品安全评价指南,是全球公认的食品安全评价准则和世界贸易组织裁决国际贸易争端的依据。

从生产实践看,转基因产品早已深入日常生活,目前广泛使用的人胰岛素、重组疫

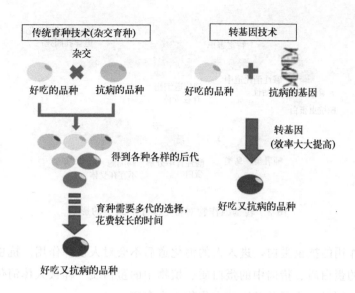

图 1　传统育种技术和转基因技术

苗、抗生素和啤酒酵母、食品酶制剂、奶酪等，很多都是用转基因技术生产出来的。过去 20 多年，全世界 20 多个国家种植了 300 多亿亩转基因作物，60 多个国家和地区几十亿人食用转基因食品。

世界卫生组织认为目前尚未显示转基因食品批准国的广大民众食用转基因食品后对人体健康产生了任何影响。经济合作与发展组织联合世界卫生组织、联合国粮农组织，在广泛充分研讨后得出了"目前上市的所有转基因食品都是安全的"的结论。

转基因标识与该转基因生物或产品的安全没有直接关系。对转基因食品进行标识，是为了满足消费者的知情权和选择权，并保证转基因生物及其产品的可追溯性。转基因食品是否安全是通过安全评价得出的，获得安全证书的转基因产品是安全的，其标识与安全性无关。我国对转基因产品实行按目录定性强制标识制度。其法律依据主要有以下三个：

① 2001 年颁布实施的《农业转基因生物安全管理条例》，规定在中华人民共和国境内销售列入农业转基因生物目录的农业转基因生物，应当有明显的标识。

② 2002 年发布的《农业转基因生物标识管理办法》，制定了首批标识目录，包括大豆、油菜、玉米、棉花、番茄 5 类 17 种转基因产品。

③ 2021 年修订的《食品安全法》规定生产经营转基因食品应当按照规定显著标示，并赋予了食品安全监管管理部门对转基因食品标示违法违规行为的行政处罚职能。

虫子吃了抗虫转基因作物会死，为什么人吃了没事？

抗虫转基因作物中的 Bt（苏云金芽孢杆菌）蛋白是一种高度专一的杀虫蛋白，只能与靶标害虫肠道上皮细胞的特异性受体结合，引起害虫肠穿孔，造成靶标害虫死亡。只有靶标害虫的肠道上含有这种蛋白的结合位点，而非靶标害虫、哺乳动物肠道细胞没有该蛋白的结合位点，因此不会造成伤害，如图 2 所示。Bt 制剂作为生物杀虫剂的安全使用记录已有 70 多年，大规模种植和应用转 Bt 基因玉米、棉花等作物已有十余年。

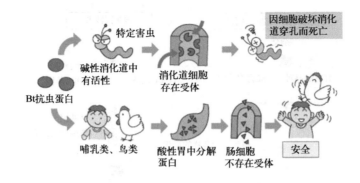

图 2 转基因作物对特定虫子和人类的影响

对害虫起作用的抗虫蛋白,进入人的消化道后不会对人发挥作用。抗虫蛋白对我们来说就跟牛奶中的蛋白质、猪肉中的蛋白质、植物中的蛋白质一样被人体消化降解,不会对我们造成伤害,所以人吃了转基因抗虫作物不会有事。

转基因食品与非转基因食品的区别就是转基因表达的目标物质通常是蛋白质,在安全评价时,绝对不允许转入表达致敏物和毒素的基因。只要转基因表达的蛋白质不是致敏蛋白和毒蛋白,那就和食物中其他蛋白质没有本质的差别,进入胃肠就被消化成小分子成分,为人体提供营养和能量。人类食用植物源和动物源的食品已有上万年的历史,这些食品中同样含有各种基因,从生物学的角度看,转基因食品的外源基因与普通食品中所含的基因一样,食用转基因食品不可能改变人的遗传特性,也没有必要担心食物中的基因遗传给后代。现代科学没有发现一例通过食物传递遗传物质整合进入人体遗传物质的现象。

解决 14 亿人的吃饭问题始终是头等大事。我国人多地少的现状和耕地面积递减的趋势难以改变,农业资源短缺,生态环境脆弱,重大病虫害多发频发,干旱、高温、冷害等极端天气条件时有发生,农药、化肥过度使用,农业用水供需矛盾突出。要确保谷物基本自给,口粮绝对安全,突破耕地、水、热等资源条件约束,必须依靠科技创新。推进转基因技术研究与应用,既是着眼未来国际竞争和产业分工的必然选择,也是解决我国粮食安全、生态安全、农业可持续发展的重要途径,既是顺势而为,也是大势所趋。

目前我国已基本建成转基因生物安全法规、技术规程和管理体系,积累了丰富经验,为转基因育种的持续发展提供了切实保障。三大特点是制度设计严格规范、评价体系科学健全、技术支撑保障有力。根据《农业转基因生物安全管理条例》,我国建立了研究、试验、生产、加工、经营、进口的许可审批和标识管理制度,实现了转基因技术研发与应用的全过程管理。国务院批准建立了部际联席会议制度,由农业农村部牵头,科技、卫生、环保等 10 个部门参加,负责研究、协调农业转基因生物安全管理工作中的重大政策和法规问题。

在评价体系方面,安全评审工作由不同领域专家组成的农业转基因生物安全委员会负责。安全委员会委员由有关部委推荐,农业农村部聘任。第六届安全委员会现有委员 76 名,涵盖生物技术、食用安全、环境安全、微生物等领域专家,分别来自教育部、中国科学院、国家卫生健康委、农业农村部、生态环境部、中国工程院等部门和机构。

在技术支撑方面，我国在积极发展转基因技术的同时注重安全评价和检测技术研究。已有几十家转基因生物安全评价和检测机构经过国家计量认证和农业农村部审查认可，研究制定了很多项转基因生物安全技术标准，开展了转基因生物长期生态检测，部分成果获得国际科学界的高度评价，为我国转基因生物安全监管提供了有力的技术支撑。

参考资料

[1] 中国科协科普部，农业转基因生物安全管理部. 转基因技术科普知识（1）[J]. 湖南农业，2015（5）：16.
[2] Houllier F. Bring more rigour to GM research [J]. Nature, 2012, 491 (7424): 327.

第五章

生物医学工程

第一节

可穿戴医疗设备

陈军波

2012 年谷歌公司发布了一款拓展现实眼镜，如图 1 所示，它具有和智能手机一样的功能，可以通过声音控制拍照、视频通话、导航等功能。甚至只需要眨眨眼就能完成拍照上传、收发信息、查询天气路况等操作。谷歌眼镜推出后引发了世界广泛关注，并将这一年称为"智能可穿戴设备元年"。三星、苹果、华为、小米等公司相继发布可穿戴智能手表（见图 2），以及各种可监测心率、睡眠的运动手环（见图 3）。

图 1　谷歌眼镜　　　　　　图 2　智能手表　　　　　　图 3　运动手环

可穿戴技术的历史可追溯到 20 世纪 60 年代，由美国麻省理工学院媒体实验室提出的一项创新型技术。其原理是把多媒体信息、传感器和无线通信等技术嵌入生活中的随身物品中。正确佩戴该物品，可快速地获取数据、分享其设备中记录的信息数据，经过配套软件处理分析记录所得的数据后，得出相应的健康值，并高效地与电子显示设备同步数据，起到对穿戴者健康情况实时监测的作用。

那么，在我们日常生活中见到的这些装备或器械，是否属于可穿戴设备呢？例如近视佩戴的框架或隐形眼镜，骨折后固定在受伤部位的石膏夹板，张嘴说话露出的牙齿矫正器，还有心脏起搏器、人工关节等。

其实，今天人们关注的可穿戴技术与智能有关，可穿戴医疗设备属于医疗电子应用范畴，它随着电子信息技术和网络通信技术的发展而兴起，是一种可以直接穿戴在身上的便携式医疗或健康电子设备，在软件支持下可获取、记录、分析、干预、维护健康或治疗疾病。可穿戴设备可集成不同传感器、柔性元件、通信模块和微控制器实现实时心率、呼吸、体温、血压、血糖、血氧饱和度等人体生命体征数据的采集,它不仅是一种硬件设备,更通过软件支持数据无线传输、云端交互等功能,除实现个人健康监护外的辅助医疗,还可满足如远程急救、精确用药或运动辅助等不同应用场景下的辅助医疗服务。

1. 可穿戴医疗设备相关核心技术

可穿戴设备是在微控制器高性能、高集成度,以及电子元件微型化、低功耗趋势下发展起来的,作为高技术集成度的智能硬件,可穿戴产品的高性能依赖的核心技术主要包括芯片技术、传感器技术、操作系统、无线通信技术、电源技术和交互技术等方面。

(1)芯片技术

微处理器或微控制器芯片是可穿戴设备的核心器件,在可穿戴设备小型化和长续航时间要求下,用于可穿戴设备设计的 MCU 除了需要考虑芯片的数据处理能力外,还需要关注芯片内部是否集成可穿戴应用的外设资源,例如高精度模数转换器 ADC(通常用于生命体征信号 ECG/EEG 信号采集的 ADC 应为 24 位以上)、无线数据传输单元(如蓝牙、Zigbee 或 WiFi 等)、加速度传感器等。

目前用于可穿戴医疗设备开发的通用微控制器主要有 TI 公司 MSP432 系列、ST 公司 STM32L 系列、Nordic 公司 nRF52832 等 32 位 MCU。我国芯片企业针对可穿戴医疗应用,专注系统级 SOC 芯片研发,相继推出医疗电子系统级 SOC 芯片,例如杭州暖芯迦(Nanochap)公司发布了一款可采集生物电信号的 SOC 芯片 EPC001,该芯片集成了高精度 EEG/ECG/EMG/PPG 模拟前端(AFE)、64MHz RISC-V 微控制器(MCU)和 24 位高精度 ADC 等模块,可同时监测心电(ECG)、脉搏(PPG)、脑电(EEG)和肌电(EMG)信号,用于实现多生理参数的连续监测。

(2)传感器技术

可穿戴医疗设备中使用的传感器主要包括生物传感器、运动传感器和环境传感器等。其中生物传感器主要有心率、体温、血压、血糖等光电、压电类传感器;运动传感器主要有加速度传感器、电子陀螺仪等;环境传感器主要有大气压、温湿度、pH 值、气体传感器等。这类传感器需要具备体积小、质量轻、功耗低、可靠性好、稳定性高、易于集成等特点。

为了获得更舒适的穿戴舒适感和体验感,生物医学工程研发团队和科研机构开始将电子传感器融入柔性织物或其他特殊的材料中,开发出具有特定应用场景的可穿戴柔性传感器,例如柔性电子皮肤用于人体汗液成分的分析或运动生化信号监测。

(3)操作系统

可穿戴设备从附属设备逐渐转变为具有自主功能、能够独立工作的智能硬件产品,可穿戴专用的操作系统也由此诞生。各大可穿戴设备厂商在推出自家产品的同时，也都搭载了自研的操作系统，努力构建可穿戴系统生态，如苹果的 Watch OS、华为的 Lite OS、三星的 Tizen 以及小米推出的 MIUI for Watch。从智能手机的发展经验来看，融合、统一才是操作系统发展的趋势。

（4）无线通信技术

数据传输几乎是所有智能硬件正常工作的必备条件，可穿戴设备也不例外。可穿戴设备中使用的无线传输技术主要包括蓝牙、WiFi、Zigbee 网络。蓝牙是一项专为移动设备开发的低功耗移动无线通信技术，通过减少待机功耗、使用高速连接及降低峰值功率3种方法来降低功耗。最初的可穿戴产品如手环、手表均是通过蓝牙和智能手机连接。

随着可穿戴设备功能增多、数据量提升，WiFi、Zigbee 网络也在可穿戴设备中得到使用。蓝牙功耗低，但传输速度和距离有限，WiFi、Zigbee 网络能够满足大容量的数据传输需求，但功耗更高，不利于设备的续航。根据具体场景，多种通信方式搭配使用，才是使可穿戴设备性能最优的解决方案。

（5）电源技术

功耗是限制可穿戴设备功能扩展的重要因素之一。目前，包括可穿戴设备在内的智能硬件均使用锂电池。随着可穿戴设备功能增加、数据交互增多，加之需要长期追踪用户数据的特性，设备的功耗也必然增大，对电池性能的要求也会更高。因此，可穿戴设备的发展必然需要更高能量密度的锂电池或者新型电池技术的支撑。

（6）交互技术

通过触显屏进行人机交互是当前大部分智能硬件采用的交互方式。除此之外，还有语音、姿势、眼动等新的交互技术。语音交互的实现主要依赖于语音识别技术，随着语音识别技术的日趋成熟，其在可穿戴设备及其他智能硬件中的使用也会越来越广泛。姿势交互是通过采集人体不同部位的姿势，利用计算机图形学相关技术，转化为计算机指令，以达到交互的目的，比如使用手势交互。眼动交互则是依靠计算机识别、红外检测或者无线传感器等方式，实现设备的控制和交互。

2. 可穿戴医疗设备的典型应用领域

目前可穿戴医疗设备多用于健康监护、安全监测、家庭康复或疫病预防、治疗等应用场景中。针对可穿戴医疗设备在疾病治疗方面的应用，又可以分为非临床手术类治疗应用和手术类治疗应用两大类。

健康监测是可穿戴医疗设备应用最广泛的领域，常见的可穿戴设备主要有智能眼镜、手表、手环、饰物等，主要监测人体生命体征参数如心率、血压等。主要用于慢性病管理，如心脑血管疾病、糖尿病的监测；母婴健康监测，如胎儿心率、孕妇心率以及子宫活动的监测；运动检测，如运动员训练、老年人防跌倒检测。

非临床手术类治疗应用主要针对身体器官某些功能缺失的应用场景，如智能盲人眼镜解决视觉障碍人士的出行问题，智能助听器帮助听力障碍人士恢复听力，智能假肢帮助肢体残疾人士恢复基本运动功能。临床手术类治疗可穿戴医疗设备通过虚拟现实技术、远程医疗技术帮助临床医师顺利开展手术，这类设备主要有 AR 眼镜、VR 眼镜。

参考资料

叶哲伟. 智能医学 [M]. 北京：人民卫生出版社，2020.

第二节
膜离子通道及其应用

陈 素

1. 膜离子通道概述

活体细胞不停地进行新陈代谢活动，就必须不断地与周围环境进行物质交换，而细胞膜上的离子通道就是这种物质交换的重要途径。大多数对生命具有重要意义的物质都是水溶性的，如各种离子、糖类等，需要进入细胞，而生命活动中产生的水溶性废物也要离开细胞，它们出入的通道就是细胞膜上的离子通道，如图1所示。

离子通道由细胞产生的特殊蛋白质构成，它们聚集起来并镶嵌在细胞膜上，中间形成水分子占据的孔隙，这些孔隙就是水溶性物质快速进出细胞的通道。离子通道的活性，就是细胞通过离子通道的开放和关闭调节相应物质进出细胞速度的能力，其对实现细胞各种功能具有重要意义。

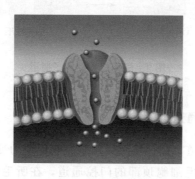

图1 膜离子通道

离子通道具有两大共同特征，即离子选择性及门控特性。离子选择性包括通道对离子大小的选择性及电荷选择性，在一定条件下，某一种离子只能通过与其相应的通道跨膜扩散。另一特征是离子通道的门控特性，离子通道一般都具有相应的闸门，通道闸门的开启和关闭过程称为门控。

根据门控机制的不同，离子通道可分为以下三大类。

（1）电压门控性离子通道

又称电压依赖性或电压敏感性离子通道，即通道的开放受膜电位的控制，如 Na^+、Ca^{2+}、Cl^- 和一些类型的 K^+ 通道，如图2所示。

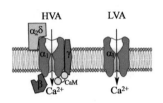

图2　电压门控性离子通道

（2）配体门控性离子通道

又称化学门控性离子通道，即靠化学物质与膜上受体相互作用而活化的通道，如 Ach 受体通道、氨基酸受体通道、Ca^{2+} 活化的 K^+ 通道等，如图3所示。

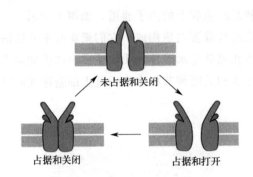

图3　配体门控性离子通道

（3）机械门控性离子通道

又称机械敏感性离子通道，是一类感受细胞膜表面应力变化，实现细胞外机械信号向细胞内传导的通道。如内耳毛细胞顶部的门控通道，在听毛受到剪切力的作用产生弯曲时，通道会出现门控性的开放或关闭，如图4所示。

此外，还有细胞器离子通道，如广泛分布于哺乳动物细胞线粒体外膜上的电压依赖性阴离子通道，位于细胞器肌质网或内质网膜上的受体通道等。

离子通道有许多重要的生理功能：

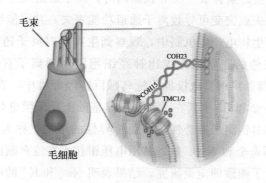

图 4 机械门控性离子通道

① 提高细胞内钙离子浓度，从而触发肌肉收缩、细胞兴奋、腺体分泌、蛋白激酶的激活和基因表达的调节等一系列生理效应。

② 在神经、肌肉等兴奋性细胞中，钠和钙离子通道主要调控去极化，钾离子通道主要调控复极化和维持静息电位，从而决定细胞的兴奋性、不应性和传导性。

③ 调节血管平滑肌舒缩活动，其中有钾、钙、氯离子通道和某些非选择性阳离子通道的参与。

④ 参与突触传递，如图 5 所示。

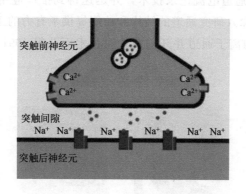

图 5 突触传递

⑤ 维持细胞正常体积，在高渗环境中，离子通道和转运系统激活使钠离子、氯离子和水分进入细胞内而使细胞体积增大。在低渗环境中，钠离子、氯离子和水分流出细胞而使细胞体积减小。

因为通道是神经冲动的基础，并且因为"递质激活"通道介导跨突触的传导，所以离子通道是神经系统中特别重要的组成部分。事实上，生物体已经进化出许多毒素通过调节离子通道电导和/或动力学来关闭捕食者和猎物的神经系统（例如，蜘蛛、蝎子、蛇、蜜蜂、海蜗牛等产生的毒液）。此外，离子通道是多种生物过程中的关键组成部分，这些过程涉及细胞的快速变化，例如心脏、骨骼和平滑肌收缩，营养物质和离子的上皮转运、T

细胞活化和胰腺 β 细胞胰岛素释放。在寻找新药时，离子通道是一个常见的目标。一种或多种通道亚基类型的缺失或突变可导致离子通道功能丧失，并可能导致神经系统疾病。

离子通道是在研究生物电产生机制中，观察到生物膜对离子通透性的变化时发现的。1902 年 J. 伯恩斯坦在他的膜学说中提出神经细胞膜对钾离子有选择通透性。1939 年 A. L. 霍奇金与 A. F. 赫胥黎用微电极插入枪乌贼巨神经纤维中，直接测量到膜内外电位差。1949 年 A. L. 霍奇金和 B. 卡茨在一系列工作基础上提出膜电位离子假说，认为细胞膜动作电位的发生是膜对钠离子通透性快速而特异性的增加，称为"钠学说"。尤其重要的是，1952 年 A. L. 霍奇金和 A. F. 赫胥黎用电压钳技术在枪乌贼巨神经轴突上对细胞膜的离子电流和电导进行了细致的定量研究，结果表明 Na^+ 和 K^+ 的电流和电导是膜电位和时间的函数，并首次提出了离子通道的概念。他们提出著名的 Na^+ 和 K^+ 双通道模型和离子学说，解释了生物电的起源，也因此获得 1963 年的诺贝尔生理学或医学奖。

1955 年，卡斯特罗和 B. 卡茨在对神经-肌肉接头突触传递过程的研究中发现，突触后膜终板电位的发生，是神经递质乙酰胆碱（Ach）作用于终板膜上受体的结果，从而确认了受化学递质调控的通道。20 世纪 60 年代，各种生物材料对不同离子通透性的研究表明，各种离子在膜上各自有专一性的运输机构，并有运输机构是载体、洞孔和离子交换等模型提出。1973 年和 1974 年，C. M. 阿姆斯特朗、F. 贝萨尼利亚及 R. D. 凯恩斯、E. 罗贾斯两组研究人员分别在神经轴突上测量到与离子通道开放相关的膜内电荷的运动，称为门控电流，确认了离子通道的开放与膜中带电成分运动的依从性。1976 年 E. 内尔和 B. 萨克曼发明了离子单通道电流记录技术，并迅速得到推广应用，利用这种技术发现了一些新型离子通道，为深入研究通道的结构和功能提供了有力的工具。E. 内尔和 B. 萨克曼（图 6）因发现细胞内离子通道并开创膜片钳技术而获得 1991 年的诺贝尔生理学或医学奖。

(a) E. 内尔　　　　(b) B. 萨克曼

图 6　1991 年诺贝尔生理学或医学奖获得者

2. 膜离子通道的应用

利用与通道特异结合的毒剂标记，可把通道蛋白质从膜上分离下来，经过纯化，可以测定各亚单位多肽的分子量。然后，把它们加入人工膜，可重新恢复通道功能。20 世纪 80 年代初，研究者们先后从细胞膜上分离和纯化了一些运输离子的功能性蛋白质，并在人工膜上成功地重建了通道功能，从而肯定了离子通道实体就是膜上一些特殊蛋白质分子或其复合物。1982 年和 1984 年，纽莫及合作者先后测定了 N 型 Ach 受体和钠离子通道蛋白的氨基酸序列。

近 20 年来，随着分子生物学、生物化学、分子克隆、膜片钳等新技术的应用，离子通道的研究迅速发展。不同离子通道对各种离子具有相对选择性，完成各自相应的生理功能。在对离子通道的分子结构、蛋白定位及生理病理学的研究中发现，越来越多的疾病和离子通道结构与功能异常有关，深入研究其结构和功能的特点，有助于为相关疾病的早期诊断和治疗提供新思路。

现已发现离子通道是许多药物作用的重要靶点，在某些药物作用下，离子通道能呈现一个或多个同时开放的不同状态。应用电压钳或膜片钳记录技术，可分别于不同时间、不同部位（膜内侧或外侧）施用各种浓度的药物，研究它们对通道各种功能的影响。结合对药物分子结构的了解，不但可以深入了解药物和毒素对人和动物生理功能作用的机制，还可以从分子水平得到通道功能亚单位的类型和构象等信息。

药物依不同的离子通道状态而起不同的作用，因而可以根据离子通道的结构来设计和研发新的药物。随着分子生物学、分子图形学和蛋白质结构测定技术等的发展，药物设计进入了一个崭新的阶段，出现了合理药物设计这一新思想，它应用大分子靶标原子水平上的三维结构信息，指导和辅助药物分子的设计。由于目前研究清楚的只有极少数离子通道的三维结构，绝大多数离子通道的三维结构尚未完全阐明，因而只能以一级结构测定的结果作为参考。未来可以通过阐明离子通道的三维结构，将其作为合理药物设计的靶标，进而给离子通道的功能研究和基于通道的药物设计带来重大突破。

参考资料

[1] 杨宝峰. 离子通道药理学 [M]. 北京：人民卫生出版社，2005.
[2] 吴克复. 细胞通讯与疾病 [M]. 北京：科学出版社，2006.
[3] 李俊敏，刘朝晖，尚忠林. 细胞膜上的离子通道 [J]. 河北师范大学学报（自然科学版），2005，29（5）：519-522.
[4] 杨文修. 生命科学中的前沿问题：生物膜离子通道 [J]. 百科知识，1992（6）：41-42.
[5] 周宏灏. 分子药理学 [M]. 哈尔滨：黑龙江科学技术出版社，1999.

第三节

脑机接口技术

周 到

1. 脑机接口技术介绍

在科幻电影《阿凡达》中，下半身瘫痪的主人公将一个复杂的设备戴在头上，就能用"意念"控制人造生物阿凡达的各种活动。无独有偶，电影《黑客帝国》中，也有一台连接大脑的设备，通过它，可以让人在现实与虚拟中穿梭。

这种"黑科技"在现实生活中存在吗？它们的应用离我们还有多远呢？这种技术在现实中叫作脑机接口（brain-computer interface，BCI），就是在大脑和假肢等外部设备之间建立一条直接传输大脑指令的通道，实现用计算机解读脑部的信号直接控制外部设备。

早在1969年，美国神经科学家埃伯哈德·费兹（Eberhard Fetz），就用猴子创建了第一个植入式脑机接口系统。在这个实验中，他训练猴子用思考活动触发神经元，启动了连接神经元的仪表盘。这项工作证实了神经活动或脑电波可以用于驱动外部设备，也证明了大脑有自主控制神经元活动的能力，这是脑机接口工作的基础。

2014年，巴西世界杯开幕式上，残疾人平托凭借基于脑机接口技术的"机械战甲"，完成了首开球。这套系统是美国科学家米格尔·尼科莱利斯（Miguel Nicolelis）主导发明的，他同时主导了"重拾行走计划"，将脑机接口技术作为一些药物的替代疗法，用于治疗某些神经疾病，改善和恢复人们因疾病或创伤所损失的生理功能，提高生活质量。

2016年，Neuralink公司成立，不久后生产出了有1024条电极线、硬币大小的Link芯片（图1）。2021年4月，Neuralink公司首次展示了一段视频，视频中的猕猴大脑植入了Link芯片，通过思考就能玩乒乓球电子游戏。

2020年，我国浙江大学团队在一位高位截瘫志愿者脑内植入了犹他阵列电极（Utah array），用意念控制机械手臂的三维运动完成了进食、饮水和握手等一系列上肢重要功能运动。

2021年9月，在北京召开的第五届世界机器人大会上，清华大学和北京邮电大学共同推出了世界上第一个群体脑机接口系统，最多支持二十个人实时进行脑电交流。二十个

图 1　Neuralink 公司的 Link 芯片

人的群聊环境相当于在一个教室内,大家不用说话就可以把知识交流出来,或者能够知道谁听课了谁没听课。

脑机接口的形式,可以按照电极在大脑中的采集位置分为非侵入式(又称非植入式)和侵入式(又称植入式)两种。大脑从外到内依次是头皮、头盖骨、脑硬膜、蛛网膜和大脑皮层。非侵入式(non-invasive BCI)仅作用于头皮,侵入式(invasive BCI)则完全植入大脑皮层。非侵入式和侵入式脑机接口信号采集如图 2 所示。

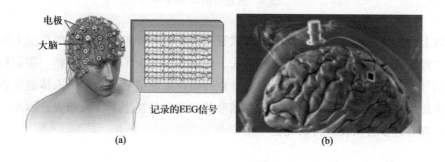

图 2　非侵入式(a)与侵入式(b)脑机接口信号采集示意图

非侵入式脑机接口仅在头骨外检测信号,具有易用性和便携性,价格相对也较低。使用非侵入式脑机接口时,利用在头皮上安放的电极将脑细胞的电活动引出来并经脑电图机放大后记录。头皮外所能收集到的生物电非常微弱(微伏级别,即普通干电池的 $1/10^6$),采集时会受到多种因素的干扰,很难确定相关单个神经元的放电,精度有限。

在采集头皮脑电之前,被试者需要洗头,去除头皮的油脂,保证电极与头皮完全接触,降低电极与头皮之间的阻抗。通常还需要手工加导电膏,将电极与头皮之间的阻抗降到可接受范围之内,有时光加导电膏就要相当长的时间。由于脑电极其微弱,身体的任意行为都会产生噪声(比如晃动、眨眼等),从而干扰采集的头皮脑电信号。

现阶段的非侵入式脑机接口,已经可以通过采集和分析头皮脑电,来帮助人们控制机械臂、无人机,甚至控制机器人做一些简单的操作。

侵入式脑机接口的电极可以植入大脑皮层,获取的信号质量比非侵入式高几个数量级,侵入式脑机接口进行数据分析时比非侵入式简单很多。但很容易想到,侵入式脑机接口的危险性更高,因为需要通过开颅手术等方式向脑组织内植入传感器,甚至可能引发机体的免疫反应等不良反应。

最典型的侵入式脑机接口电极是犹他阵列电极（图3），这是目前世界上唯一被美国食品药品监督管理局（FDA）批准的电极阵列。电极长度为1.0mm或1.5mm，尖端涂有金属材质（铂，氧化铱）用于导电，电极柱上为Parylene C绝缘层，这是一种生物相容性非常好的涂层。电极基座是硅基底，基底尺寸为4mm×4mm，等间距地排列有100个电极，其中96个为信号传导电极。电极通过气锤瞬间打入皮层，用于感觉运动皮层脑电信号的记录或者刺激。目前有研究表明，该电极最长的植入时间可以达到2年。大部分的电极最终因为生物体的排异反应或者电极本身的尖端脱落而失去信号记录能力。

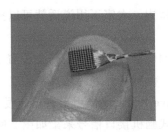

图3 犹他电极示意图

从以上的描述看出，侵入式和非侵入式脑机接口各有特点，从技术的角度上而言，并不存在"侵入式比非侵入式高级"这种说法。侵入式因为少了颅骨的阻挡，能更精确地读取大脑信号。但后期可能因为免疫反应或者愈合组织影响信号传播，对人体健康造成潜在危害。非侵入式则因为颅骨的阻挡需要在信号的读取和传播上下很大功夫。因此，二者各有不足，都有许多公司在进行研究。

2. 脑机接口技术的安全风险和伦理挑战

2022年2月，美国动物保护组织医学从业者委员会（PCRM）对脑机接口公司Neuralink提起诉讼，指控其"虐待"猴子。Neuralink对此发表回应称："所有新的医疗设备都必须先在动物身上进行测试，然后再在人体上进行测试。这是Neuralink无法逃避的规则，所有的实验均符合适用的联邦法律。"其实不仅仅是动物伦理，脑机接口技术在为人类发展创造新契机的同时，也带来了新的安全风险与伦理挑战。

首先，侵入式电极需通过手术进行植入，涉及手术的安全风险。而且，电极本身的生物安全性也需要严格评估。植入后的电极可能会诱发人体的免疫反应甚至伤口感染，并且随着植入电极在人体内时间的增长，电极周围会逐渐形成神经胶质疤痕组织，使得电极记录的神经信号大大衰减。为此，需要制定相应的评估标准，来评估患者或用户在使用脑机接口技术或产品过程中有可能出现的各种安全风险。此外，具有神经反馈与调控的脑机接口系统，可以通过声、光、电等刺激，诱发神经元产生活动。极端情况下，用户可能无法将自我产生的神经活动与诱发模式产生的神经活动区分开来。也就是说，这类脑机接口在治疗、替代或恢复某些受损功能的同时，可能也会使用户产生幻觉。

其次，高精度的脑机接口系统可以读取大量的中枢神经活动信息，而用户在增强或恢复运动、认知等功能的同时，也产生了大量含有个人隐私的脑电活动，这就会产生新的神经伦理学问题。例如，即使在患者已经知情同意的情况下，读取瞬间的运动意图并操控外部设备，或者读出可能不会自然发生的潜在内容（例如内心情绪）等，是否符合人的意志或社会伦理道德。另外，脑机接口技术在应用中产生了大量的神经活动数据，如何规范而有效地保护个人的神经数据，监管神经数据的使用，也是脑机接口技术目前在临床化和商业化过程中亟待解决的重要问题。

最后，相关伦理问题还涉及脑机接口技术的适用或运作范围。当前已实际应用的脑机接口技术多专注于功能的恢复、改善或替代，但如2014年世界杯首开球使用的机械战甲，未来脑机接口技术在功能的补充与增强方面也有很大的发展空间。随着大脑功能和神经机制不断被揭示，脑机接口系统甚至有可能将功能增强至超越自然的水平。这就涉及增强的限度、安全性与公平性等问题。这些问题，需要医生、科学家、工程师、伦理学家、政府监督机构和患者权益团体进行密切对话与合作，共同制定出可操作的伦理准则。

参考资料

[1] 曹洪涛，钟子平，陈远方，等. 非侵入式脑机接口控制策略的研究进展 [J]. 生物医学工程学杂志，2022，39 (5)：1033-1040.

[2] 陈琪，袁天蔚，张丽雯，等. 脑机接口医学应用的研发现状与趋势 [J]. 生物医学工程学杂志，2023，40 (3)：566-572.

第四节

神经信号传导的奥秘

龚吉红　阳小飞

大脑主宰着我们的意识、认知、记忆等高级思维，它含有许多的神经元。神经元通过突触（synapse）相互连接，构成神经网络。我们学习、思考、记忆等高级功能的实现正是依靠神经网络的信息交流。那么，神经元之间的信息究竟是如何传递的呢？

1. 突触的来历

这里我们给大家介绍神经元间信息传递的关键部位——突触。突触有着很长的研究历史，最初是科学家 Emil duBois-Reymond（1818—1896）从功能上证实了突触的存在，神经解剖学家 Rudolf von Kolliker（1817—1905）和 Ramony Cajal（1852—1934）首次确认了突触的形态。直到1897年，神经生理学家 Charles Sherrington 首次将两个神经元之间的紧密接触点命名为"突触"。广泛意义上的突触包含了一个神经元与另一个神经元、肌细胞、腺细胞以及其他效应细胞或者感受器细胞等形成的紧密功能接触部位（图1）。

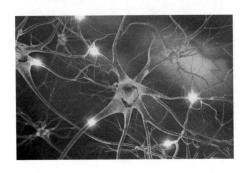

图1　神经突触

2. 突触的分类

大脑约含有 10^{11} 个神经元，这些神经元共形成约 10^{15} 个突触。突触的分类方式很多，常见的是按照神经元接触部位的不同将其分为轴突-树突型、轴突-胞体型、轴突-轴突型、胞体-胞体型、树突-树突型，其中以轴突-树突型（axodendritic）、轴突-胞体型（axosomatic）两类居多。按照突触的功能可分为兴奋性突触（excitatory synapse）和抑制性突触（inhibitory synapse）。按照突触传递信息的方式又可以分为化学突触（chemical synapse）和电突触（electrical synapse），其中哺乳动物的绝大部分突触传递是化学性质的。

3. 突触的结构

化学突触由突触前（presynaptic）、突触后（postsynaptic）和突触间隙（synaptic cleft）组成（图2）。轴突末梢是突触前神经元传递信号的末端膨大结构，称为突触终扣（synaptic button）。突触终扣通过突触间隙与靶细胞的突触后膜紧密连接，内含线粒体、突触囊泡（synaptic vesicle）和酶以及其他多种组分。突触囊泡密集地聚集在突触前近膜区，成为突触前的显著特征。突触前活性区（active zone）是囊泡释放神经递质的位点。利用透射电子显微镜观测到突触后存在致密区（postsynaptic density），它主要由多种突触后支架蛋白构成。突触后膜分布有接收神经递质的各种受体。

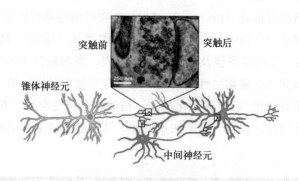

图 2 化学突触的结构

突触前后膜之间通过黏附分子连接。位于突触前的黏附分子胞质区与突触前的支架蛋白相互作用，组装突触前活性区；位于突触后的黏附分子胞质区与突触后致密区支架蛋白相互作用，吸引 AMPAR、NMDAR 等受体定位于突触后膜。由突触黏附分子跨突触介导的这种突触前-突触间隙-突触后的相互作用，将突触前活性区和突触后致密区耦合起来，形成结构完整的突触，见图3。

4. 突触的信号传导机制

突触的发现到现在已经有近200年的历史，为了解开我们大脑认知记忆思考的奥秘，科学家们前赴后继做了很多关于突触发育和功能的研究与探索。随着电生理技术的发展，突触传递的过程能被精细地监测和描述，科学家们才得知突触囊泡的释放可以在几百微秒内完成，这并不比电压门控离子通道的打开慢多少。然而，什么样的分子机制能使突触囊

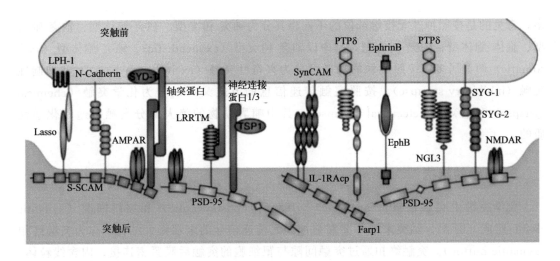

图3 多种突触黏附分子通过跨突触相互作用介导突触形成

泡进行如此快速释放？

过去的几十年间，在许多科学家的共同努力下，突触信号传导分子机制已经有了基本框架。突触前装载神经递质的囊泡经过转运（translocation）、对接（docking），被定位到突触前膜活性区，再经过活化（priming）过程，才可以响应动作电位（action potential），致使囊泡与突触前膜融合（fusion），完成神经递质的释放（图4），随后囊泡进入回收循环（recycling）过程。这些步骤涉及以下过程：首先，囊泡通过主动运输摄取神经递质，经过定向转运等过程到达突触前活性区附近，通过与突触前活性区的支架蛋白相互作用而被锚定在活性区。接着依赖ATP的活化过程，当动作电位使突触前膜去极化时，钙离子通道打开，突触前膜活性区局部钙离子浓度增加，从而触发囊泡与突触前膜的融合，最终神经递质释放。

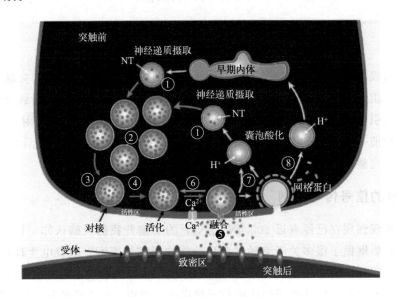

图4 突触囊泡的分泌循环

释放的神经递质扩散至突触间隙，与突触后相应的受体结合，引发一系列的下游信号通路，将信号传递给下一个神经元。一般来说，细胞外的化学信号难以通过细胞膜的磷脂双分子层直接进入细胞内，而是经过膜上的受体介导，将信号传递到细胞内。按照膜受体本身的分子结构和功能特征，突触后膜上的受体可以分为离子通道受体、G蛋白偶联受体和具有酶活性的受体。神经递质与突触后相应的受体结合，要么通过离子通道受体的变构，直接改变突触后电位的变化，要么通过G蛋白偶联受体与G蛋白发生偶联，最终通过一系列生化反应改变突触后电位，或是通过酶活性的受体发生一系列如磷酸化的反应向突触后细胞传递信息。当这些神经递质引发的突触后电位的改变达到一定阈值，就会引发突触后细胞产生动作电位，将信号进一步往下传递。正是这种突触神经递质传递介导了神经元间的信息传导。

突触囊泡的循环由突触囊泡的分泌、内吞和再循环组成。装载神经递质的囊泡经过转运、对接、活化、融合，完成神经递质的释放，随后囊泡进入回收循环过程。

突触囊泡是如何与突触前膜完成融合的呢？在解析突触囊泡分泌机制的研究中，有三位科学家作出了卓越的贡献，荣获2013年诺贝尔生理学或医学奖（图5）。其中，Randy W. Schekman 发现了能控制细胞运输系统不同方面的三类基因，从基因层面上为了解细胞中囊泡运输的严格管理机制提供了新线索。20世纪90年代 James E. Rothman 发现了一种蛋白质复合物介导囊泡与其靶细胞膜的对接和融合。这类蛋白质有很多种，并且只有出现合适的配对时才会发生融合，这确保了囊泡能够释放至准确的位置。随后的研究中发现，Schekman 在酵母菌细胞内所发现的部分基因正是产生 Rothman 在哺乳动物细胞内发现的蛋白质的背后机制。在20世纪90年代，Thomas C. Südhof 发现钙离子敏感的蛋白质（突触结合蛋白，synaptotagmin）能响应钙离子浓度变化，并调控邻近的蛋白质加速囊泡与质膜融合，释放神经递质。Rothman、Schekman 和 Südhof 一起揭示了细胞内输运体系的精细结构和控制机制，并初步解析了突触囊泡释放在时间和空间上的精确调控。

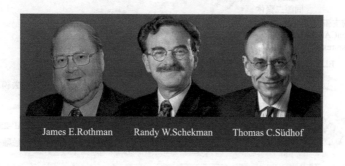

图5　2013年诺贝尔生理学或医学奖获得者

科学家们多年研究发现突触囊泡融合的核心机器是SNARE蛋白。SNARE蛋白有三种，即位于细胞质膜的突触融合蛋白、SNAP-25和位于囊泡膜的囊泡相关膜蛋白。随着突触融合蛋白、囊泡相关膜蛋白和SNAP-25形成SNARE复合物（图6），突触囊泡和突触前膜发生融合。在体外的研究中，发现仅仅需要三个SNARE蛋白就可以实现膜与膜的融合，但是这个融合需要几秒或者十几秒甚至分钟级别的时间。这个时间与体内的毫秒级别的神经信号传导速度有着巨大的差距。如果这么久才实现一个囊泡的神经递质释放，那么我们大脑的工作效率将远不能满足我们认知思考记忆的需求。因此，在神经细胞内，突触囊泡与突触前膜的融合仅仅靠三个 SNARE 蛋白是不够的，钙离子感受器与钙离子结合被认为是实现囊泡快速融合的关键，其他蛋白如 RIM、Munc18、Munc13、NSF、α-SNAP 等（图7）也一起参与调控，从而实现毫秒级别的神经信号传导。这些蛋白一部分负责募集对接突触囊泡至活性区，一部分负责调控 SNARE 复合物的组装，一部分还负责 SNARE 复合物的解组装。在一系列蛋白的精细调控下，最终实现神经信号的精确传导。

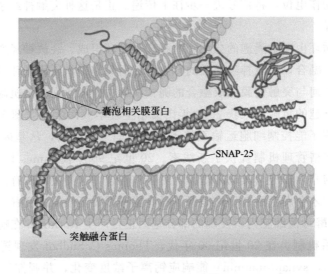

图6　SNARE 复合物

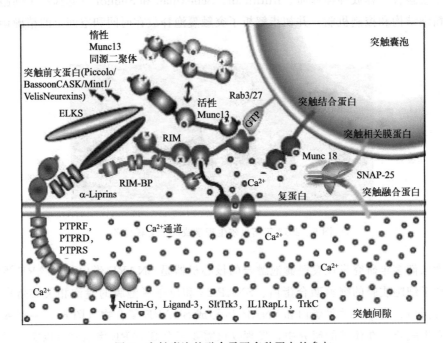

图7　突触囊泡的融合需要多种蛋白的参与

图7右上角展示了一个停靠的囊泡，中间描绘了突触前活性区。从左到右展示的是一部分囊泡融合所需分子：支架蛋白 Munc13、RIM 和 RIM-BP 蛋白等；突触前质膜上的 Ca^{2+} 通道；SNARE/SM 蛋白复合物组成的核心融合机器；Ca^{2+} 感受器等。

虽然在过去的几十年间参与突触囊泡分泌的关键蛋白基本都被——发现，其功能也逐渐得到解析，但是关于它们在突触囊泡栓系、对接、活化、融合的过程中出现的时空顺序依然是研究的难点，依然还有许多细节问题有待进一步研究解答。

参考资料

[1] Südhof T C. The molecular machinery of neurotransmitter release (Nobel lecture) [J]. Angew Chem Int Ed Engl, 2014, 53 (47): 12696-12717.

[2] Südhof T C. Synaptic neurexin complexes: A molecular code for the logic of neural circuits [J]. Cell, 2017, 171 (4): 745-769.

[3] Chia P H, Li P, Shen K. Cell biology in neuroscience: Cellular and molecular mechanisms underlying presynapse formation [J]. Cell Biol, 2013, 203 (1): 11-22.

[4] Jahn R, Fasshauer D. Molecular machines governing exocytosis of synaptic vesicles [J]. Nature, 2012, 490 (7419): 201-207.

[5] Südhof T C. The synaptic vesicle cycle [J]. Annu Rev Neurosci, 2004, 27 (1): 509-547.

[6] Südhof T C, Rothman J E. Membrane fusion: Grappling with SNARE and SM proteins [J]. Science, 2009, 323 (5913): 474-477.

[7] Rizo J, Xu J. The synaptic vesicle release machinery [J]. Annu Rev Biophys, 2015, 44: 339-367.

[8] 陈瑛颀, 张晨, 董伟, 等. 神经递质释放的分子机制 [J]. 中国细胞生物学学报, 2019, 41 (1): 34-41.

[9] Südhof T C. The presynaptic active zone [J]. Neuron, 2012, 75 (1): 11-25.

第五节

生物芯片

刘 超

2000年美国《财富》杂志提出20世纪科技史上两件影响深远的事件：一是集成电路芯片，它是计算机/电子系统和家用电器的"心脏"，使我们的经济结构发生了根本性的变化，给人类带来了巨大的财富，改变了人类的生活方式；另一事件就是生物芯片，它给人类带来的影响将会更大，可能从根本上改变我们的医学行为和生活质量，从而改变整个世界的面貌。

时至如今，集成电路芯片已经成为我们日常生活中密不可分的一部分，手机、电脑、汽车等电子产品中的核心元件为集成电路芯片。生物芯片，作为一种新型生物医学检测技术，虽在医学检测领域中还未普及，但在相关科研领域中该技术已经成为了重要的研究工具。

生物芯片与集成电路芯片都是芯片，二者有何联系和区别呢？集成电路芯片由几十至几亿个不同规模的晶体管集成，形成具有特定功能的电路。生物芯片技术的发展起源于电子芯片，基本策略是运用半导体领域的集成技术，如光刻微纳加工技术，将生物分子或样品集成在玻璃片、硅片、尼龙膜等材料上，从而将人体信息"存储"在芯片上，用于生物信息的检测。两种芯片都在微小尺寸上具有海量的数据信息。不同的是，电子芯片上布列的是半导体电子单元，而生物芯片上布列的是生物分子或生物样品。

生物芯片的应用领域主要包括疾病诊断和预测、新基因发现、基因突变及多态性分析、药物筛选等。目前，大部分生物芯片应用于科研领域，产业化的芯片种类较少，但相关产业发展逐渐成熟。其中在癌症、遗传性疾病诊断和产前诊断方面，生物芯片表现尤其出色。人们采用生物芯片诊断技术对患者采血化验，可以判断部分与疾病相关基因有无突变或缺失，进而明确病情，相关产品已经获批上市。

相较于传统检测技术，生物芯片有何优势呢？我们知道，人体内大约有60种组织，40万亿~60万亿个细胞，这些细胞可分为100多种大类和800多种亚型。在每个细胞的内部，含有约2.4万个基因，以及由基因编码表达的5万种蛋白质。因此，人体是一个含有大量生物信息的复杂系统。除了构成成分复杂多样外，这些参与生命活动的物质都是纳米至微米级尺寸。如细胞中最大的卵细胞只有1mm，其他普通细胞一般是10～20μm，相当于头发丝粗细的1/7。蛋白质和核酸等生物大分子尺寸只有数十纳米。要研究这些海量微小生命物质，既需要能够检测大量样本的高通量技术，也需要能够操控微纳米尺寸物质的操控平台。生物芯片既具备检测大量样本获取海量生物信息的能力，又能在微纳级尺寸的结构内操控生物样本。

根据功能属性的不同，生物芯片可以分为两大类，一类为微阵列芯片（图1），包含基因芯片、蛋白质芯片、细胞芯片和组织芯片等。这类芯片是将大量核酸、蛋白质等生物分子探针或样本直接固定在玻璃片、硅片、尼龙膜等材料上，用于遗传基因、蛋白质分子、细胞之间的相互作用、组织中成分的差异等检测。另外一类生物芯片为微流控芯片，又称芯片实验室，是将多种微纳结构集成在玻璃片或有机聚合物材料内，将传统化学和生物学试验中的样品预处理、反应、分离、检测等单元，通过微型化集成到厘米见方的芯片上，并以微通道网络贯穿各个实验环节，实现传统化学或生物学实验室的各项功能。如此，将检测样本直接加入芯片内，样本在芯片内可自动完成各项实验处理，最后直接输出检测结果。

图1 微阵列芯片

可以预想一下，在不久的将来，将一滴血液放到芯片上进行检测，一份关于个人遗传信息和疾病标志物检测的报告很快就呈现在医生面前。由此，医生可以分析诊断个体的健康和罹患相关疾病的风险。在生命健康领域内生物芯片将与电子芯片一样，成为医学检测的核心元件。目前，生物芯片具体有哪些实际应用呢？下面为大家简要介绍基因芯片的应用和微流控芯片在单细胞基因分析中的应用。

1. 基因芯片的应用

基因芯片（图2）由DNA微阵列构成，是一种在20世纪80年代开始研制，90年代成熟和推广并得到广泛应用的生物学检测技术，主要用于核酸的检测，如DNA、RNA等。1992年，美国Affymetrix公司采用半导体平面制版工艺和原位合成技术，制备出首个基因芯片。传统的核酸探针技术只能针对数个基因来分析。DNA微阵列芯片能够实现高通量的基因分析。一枚只有指甲盖大小的芯片，能藏下80多万个基因探针，可以预测13大类近150种疾病。目前已知有600多种遗传疾病与基因有关，基因芯片已成功应用于血友病、杜氏肌营养不良症、地中海贫血、异常血红蛋白病、苯丙酮尿症等遗传性疾病的检测。另外，基因芯片还能够有效运用于医药设计、环境保护、农业等各个领域。

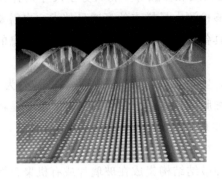

图 2 基因芯片示意

2. 微流控芯片用于单细胞基因分析

微流控芯片中较为常见的是在芯片内实现高通量单个细胞的处理与检测集成。我们知道细胞之间会存在一定的差异性。群体细胞的研究中，个体细胞独有的信息不可避免地会被掩盖。为了更全面了解细胞的生理状态，探索生命的秘密，人们将研究聚焦在了群体细胞中单个细胞的基因信息分析上。然而，细胞的直径是 $10\sim20\mu m$。传统技术难以操控单个细胞，很难实现大量的单细胞基因信息的检测。在微流控芯片内，我们通过微加工技术，设计不同的微米级通道。细胞在微通道内经过流场、电场或声场等作用力的辅助下，可以分类并一一排队，随后可在芯片内完成高通量的单细胞基因信息分析与检测。

2015 年，美国 Theranos 公司宣称开发出了仅需数滴指尖血，就可在 4h 内对多种肿瘤的 200 多项指标进行筛查的技术。然而，该技术后来被调查认为存在欺诈行为。2022 年，该公司创始人伊丽莎白·霍姆斯被认定 4 项刑事欺诈罪成立，被判入狱。该事件表明，科学技术的进步需要脚踏实地、日积月累、一步步向前推进，切不可仅靠概念吸引眼球，夸大实际检测效果。不过，滴血验癌虽然还未真正实现，随着科研人员和临床医生的不断努力，目前已经实现了使用血液来进行恶性肿瘤早期筛查及诊断。相信在不久的未来，伴随生物芯片技术瓶颈的不断突破，滴血验癌不再是遥不可及的事情。

参考资料

[1]　邢婉丽，程京. 生物芯片技术 [M]. 北京：清华大学出版社，2004.
[2]　林炳承，秦建华. 图解微流控芯片实验室 [M]. 北京：科学出版社，2008.

第六节

无线胶囊内镜

潘 宁

1. 什么是无线胶囊内镜

随着科技和时代的进步,经济水平快速增长的同时,人们的生活方式也在快节奏发展,越来越多的人因为工作压力大、不规律的生活作息和饮食习惯等因素患上胃肠道疾病。根据2021年国际癌症研究机构(IARC)的报告,胃癌和结直肠癌是排名前五的主要死亡原因,其中胃肠道癌占中国癌症相关死亡人数的45%,远高于发达国家,这可能与胃肠道癌的预后较差,患者大多数在晚期发现有关。因此,胃肠道疾病的早期发现变得更加重要。由于小肠的特殊位置和特殊长度,直接使用传统的内镜来检测病变区域具有挑战性且容易造成创伤,所以科研工作者迫切需要为患者寻求一种无痛、无交叉感染、可替代治疗的方法。无线胶囊内镜(wireless capsule endoscope,WCE)作为一种有效监测胃肠道疾病的方法,因其直接可视化、无创伤、耐受性好等特点引起了人们的广泛关注。无线胶囊内镜通常是将光学摄像系统和无线数据发射模块封装在一个长度为15~23mm,直径为10~15mm的胶囊内,患者可将胶囊内镜吞入腹中,胶囊内镜会随着重力的作用和肠道的蠕动经口腔、食管、胃、十二指肠、空肠、回肠、结肠,最终排出体外。通常胶囊内镜在消化道内逗留时间约为8h,其摄像系统会自动拍摄全程消化道场景,一例检查可采集50000~60000幅彩色的消化道图像数据,并通过无线传输协议实时地传送到外部设备,方便医生分析和诊断消化道疾病。同时,在诊断过程中,不会对患者的日常生活造成影响,更容易被患者接受。

2. 无线胶囊内镜的基本结构

2000年,Given Imaging公司首次推出WCE诊断系统PillCam,并于2001年获得美国食品和药品监督管理局的批准,目前已经在全球4500多个场所投入临床应用。图1为WCE系统的内部结构示意图,该WCE系统由无线胶囊内镜、无线传感器阵列、数据记录仪和图像数据浏览工作站组成。典型的胶囊内镜通常由光学透明球罩、透镜支架、透镜、LED 及承载面板、CMOS 图像传感器、供电电池、无线发射器和内置天线八大部分组成。患者吞下 WCE 后，WCE 会通过人体消化道蠕动的方式向消化道末端移动，在此过程中光学透明球罩可以使肠壁膨胀，WCE 将实时拍摄消化道场景图像数据并以每秒 2 帧的速度将图像无线传输至体外，体外数据记录仪通过无线传感器阵列实时接收和保存胶囊内镜所拍摄的图像数据，待消化道检查完后，可将存储在数据记录仪中的图像序列下载到图像工作站，临床医生可借助胶囊内镜图像浏览软件进行阅片，最终胶囊内镜经肛门排出体外，完成整个检查过程。

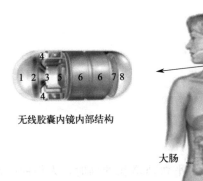

图 1　无线胶囊内镜的构造

1—光学透明球罩；2—透镜支架；3—透镜；4—LED 及承载面板；
5—CMOS 图像传感器；6—供电电池；7—无线发射器；8—内置天线

3. 无线胶囊内镜与传统内镜的区别

WCE 所见胃肠道外观和传统内镜大体相像，但在小肠出血识别和诊断胃肠道异常上有以下显著优势：①WCE 操作简单、无痛且无创伤，可消除传统内镜带来的胃肠道出血的风险，减轻患者的生理痛苦；②WCE 可清晰拍摄全消化道图像，而传统内镜只能到达肠道 0.5~1m 位置，无法对整个肠道的全程进行检查；③WCE 为一次性使用，能有效避免交叉感染；④WCE 适用人群范围广且术前要求较低，传统内镜则对患者群体要求较为严格。

同时，WCE 也存在许多问题需要进一步改进，主要包括以下三个方面。第一，传送到阅片软件上的图像清晰度和图像检测问题。通常捕获的包含病灶的图像仅占全部收集图像的 5% 甚至更低，且可能存在图像过度曝光和加载图像失真等问题，这给临床医生阅片和诊断增加了难度。第二，胶囊内镜的供电问题。现有的 WCE 大部分采用电池供电，但对于胃肠道疾病患者诊断需要远超过 8h，电量供应有限情况下 WCE 很少能够满足持续运行 8h 以上的要求。第三，胶囊内镜的方向控制和定位问题。由于无线胶囊内镜是靠人体肠道蠕动而运动，其位置不受外界控制，使得临床医生分析 WCE 图像时无法准确判断病灶位置及其大小。因此，实现 WCE 的精确定位对消化道疾病的检测和治疗具有重要意义。

4. 目前常见的胶囊内镜产品

无线胶囊内镜是一种革命性的成像设备，其安全、无痛、无创伤的检查方式，不但克服了使用传统内镜时操作复杂、存在检查盲区、对消化道造成刺激等缺点，而且提供可视化检查。2000年5月，G.Iddan等在《自然》上发表了无线胶囊内镜的相关工作原理的文章，提出了世界上第一例胶囊内镜原型系统。2001年5月，以色列公司Given Imaging推出了第一代胶囊内镜M2A，经过临床验证后，Given Imaging公司于2001年5月和8月先后获得了欧洲和FDA许可，相继推出"PillCam"系列，PillCam胶囊内镜采用CMOS成像技术，拍摄速度为每秒2帧，图像分辨率为256×256像素，电池可以持续工作6～8h，可用于小肠、食管、大肠等不同区域的检测。PillCam SB 3采用先进的胶囊内镜技术优化组织覆盖，可用于检测克罗恩疾病、不明原因消化道出血或缺铁性贫血相关的小肠异常症状，图像采集速率达到每秒2～6帧，比PillCam SB2整体效率高40%。

2001年10月，日本的RF Sysetem Lab研制出了一款体积较小的胶囊内镜，名为"Norika3"，并于2006年上市，拍摄速度达每秒30帧；2008年该实验室又推出世界上最小的胶囊内镜系统"Sayaka"，其尺寸仅为15mm×5.8mm，可进行360°旋转，使得胃肠道疾病临床诊断更加方便。另外，日本奥林巴斯（Olympus）公司也于2004年推出了"EndoCapsule"系列胶囊内镜，该胶囊内镜直径为11mm，长度为26mm，采用CCD成像技术，能根据周围的环境自动调节亮度，使得拍摄的消化道图像更符合场景的变化。2007年"EndoCapsule"系列胶囊内镜获得FDA许可，并于2007年10月在美国上市。Olympus公司最新推出的"EndoCapsule 10"使用光电数字技术获得具有宽视角的高质量图像，进而实现对小肠内部全方位的诊断。"EndoCapsule 10"系统实现160°广角视野优化可视化功能，电池续航时间至少为12h，同时通过3D跟踪功能有效定位病变，可确保全面完成检查，提高临床医生的诊断效率。

2003年韩国的庆北国立大学研制出一款名为"MIRO"，可以双向通信的无线胶囊内镜系统。其尺寸为10mm×25mm，具有150°的拍摄角度，能清晰观察到消化道内大部分器官。2009年，Intromedic公司推出了"MircoCam"系列的胶囊内镜。"MircoCam"系列胶囊内镜系统最大的特色在于采用全新的人体电场方式传输数据图像信号。在技术的不断进步中"MiroCam"胶囊内镜能更准确地诊断整个小肠，提供最高质量的图像，电量持续超11h，并具有170°的宽视野，从而捕获更多细节，以实现更完整的诊断。

在无线胶囊内镜领域，国内起步较晚但仍取得了一定的成果，2004年由重庆金山公司研制出的"OMOM"胶囊内镜于2005年3月获得国家食品药品监督管理局颁发的许可证，并于同年在国内销售。"OMOM"胶囊内镜设备采用了标准的胶囊内镜结构，直径为13mm，长度为27.9mm，同样采用CMOS成像技术，图像拍摄速度为每秒2帧，图像分辨率为640×480像素，工作时间可以达到将近10h。相较于其他胶囊内镜，"OMOM"胶囊内镜拥有图像传感器，增加了视角，可呈现更自然的色调和细致的图像。2013年，武汉安翰公司率先研制出全球首台利用机械臂精准多维旋转移动、自适应匹配实现精准磁控的胶囊胃镜系统"NaviCam",该系统内置永久性微型磁极,依靠体外磁场控制胶囊在胃腔内的运动姿态和方向,经临床研究证实诊断准确性高,并于当年获得我国国家食品药品监督管理总局(CFDA)注册证和欧盟CE认证。2020年5月,安翰公司自主研发的"NaviCam"磁控胶囊胃镜系统首次实现了胃部的全实时可视化,开创了不插管做胃镜的全新检查模式,先后获得国家药品监督管理局(NMPA)核发的磁控胶囊胃镜系统三类医疗器械注册证、欧盟CE认证并通过了FDA De Novo创新医疗器械注册。该系统结合了三维平移和二维旋转控制,操作员可以360°控制胶囊的运动,图像拍摄速度为每秒0.5~12帧,且电池持续时间可达12h。"NaviCam"为人体胃部舒适化、系统化、全方位的精确检查开启了新篇章。

目前商业化的胶囊内镜设备和系统,有很多的相似之处,最大的区别在于图像拍摄的分辨率和系统的整体功耗不同,表1列出了几款常用商业胶囊内镜产品的性能对比,产品主要考察指标为尺寸、质量、视野角度、工作时长和通信模式等。

表1 胶囊内镜产品的参数分析

胶囊产品	PillCam	PillCam SB 3	Norika3	EndoCapsule 10	MircoCam	OMOM	NaviCam
直径/mm	11	11	9	11	11	13	11.8
长度/mm	26	26	23	26	24	27.9	27
质量/g	3.4	3	—	3.3	3.3	6	—
帧频/fps	4	2~6	30	2	3	2	0.5~12
图像传感器	CMOS	CMOS	CCD	CCD	CMOS	CMOS	CCD
视野角/(°)	156	156	360	160	170	140	>160
分辨率	256×256	340×340	—	—	320×320	640×480	640×480
工作时间/h	8	≥8	(无线供能)	12	≥11	7~9	12
通信模式	单向	双向	双向	双向	双向	单向	双向

由表1中的胶囊内镜产品参数对比可知,对于胶囊内镜的改进主要体现在数据传输速率、图像清晰度及精确定位等方面。近年来,在图像传感器的使用上,CCD式因其体积小且功耗低的优点受到了广泛欢迎;更开阔的视野有利于获得更全面和清晰的图像;电池待机时间延长及无线供能方式的出现也为患者获得全方位的诊断和治疗提供了有力帮助。

图像工作站系统主要用于辅助临床医生对患者的病情进行诊断,同时方便及时地产生电子或者纸质的诊断报告。通过接收胶囊内镜无线发送或数据记录仪传送的图像,将图像以每秒5~40帧的速度在屏幕上显示,同时对具有代表性的胶囊内镜图像和视频剪辑进行标注和保存,最后标注图像及患者的相关信息会生成报告,作为辅助诊断的依据。除以上基本功能外,一些胶囊内镜软件系统如Rapid系统、Olympus工作站系统和OMOM工作站系统等还提供图像冗余度筛查、可疑出血点检测、图像分段等功能。

5. 胶囊内镜未来的发展方向

随着科学技术的进步,胶囊内镜已经涉及精准磁控、微光学成像、专用芯片、图像处理、无线传输等多技术领域,但在电池寿命、帧率和可控性等方面仍存在很多不足。为此,新磁控技术研究、内镜检查产品线的延伸和人工智能(AI)阅片技术等可能成为胶囊内镜未来的发展方向。传统的 WCE 在胃肠道内仅依靠人体肠道蠕动和自身重力被动运动，实现对 WCE 的主动控制可有效降低疾病的漏检率，为未来活检、施药提供技术保障。如现有的旋转永磁体主动控制系统就采用了磁控制法来引导胶囊内镜的运动。胶囊内镜产品也可根据不同应用环境和患者疾病状况进行划分和推广，如针对药物失去治疗效果的消化道便秘患者可采用"治疗性胶囊"，通过按摩肠壁来缓解便秘症状；而对于基层卫生单位、边防海岛等环境则可采用"便携式内镜"，同时也方便进行远程会诊。由于 WCE 在检查过程中会产生海量数据，这对医生手动阅片工作来说耗时耗力，容易增加漏诊、误诊的风险，因此 AI 阅片技术的发展显得尤为重要。AI 阅片技术涉及数据标注、数据搜集、深度学习算法开发等，能够最终实现消化道疾病的辅助诊断和筛查，使得快速诊断、远程治疗成为现实。

参考资料

[1] Cao W, Chen H D, Yu Y W, et al. Changing profiles of cancer burden worldwide and in China：A secondary analysis of the global cancer statistics 2020 [J]. Chinese Medical Journal, 2021, 134 (7)：783-791.

[2] Iddan G, Meron G, Glukhovsky A, et al. Wireless capsule endoscopy [J]. Nature, 2000, 405：417.

[3] Hara A K, Leighton J A, Sharam V K, et al. Imaging of small bowel disease：Comparison of capsule endoscopy, standard endoscopy, barium examination, and CT [J]. Radiographics, 2005, 25 (3)：697-711.

[4] Lewis B S, Swain P. Capsule endoscopy in the evaluation of patients with suspected small intestinal bleeding：The results of the first clinical trial [J]. Gastrointestinal Endoscopy, 2001, 53 (5)：349-353.

[5] Gossum A V, Munoz-Navas M, Fernandez-Urien I, et al. Capsule endoscopy versus colonoscopy for the detection of polyps and cancer [J]. New England Journal of Medicine, 2009, 361 (3)：264-270.

[6] Yuan Y, Meng M. Deep learning for polyp recognition in wireless capsule endoscopy images [J]. Medical Physics, 2017, 44 (4)：1379-1389.

[7] Ciuti G, Menciassi A, Dario P. Capsule endoscopy：From current achievements to open challenges [J]. IEEE Reviews in Biomedical Engineering, 2012, 4：59-72.

[8] 赵杰，李华峰. 胶囊内窥镜 [J]. 数字技术与应用, 2011 (11)：38.

[9] Wang W, Zhan G, Wei J, et al. WCE with real time polyp detection and segmentation using deep neural networks [C] //Proceedings of the 2021 WRC symposium on advanced robotics and automation (WRC SARA).

[10] 安晨，汪成亮，廖超，等. 基于注意力关系网络的无线胶囊内镜图像分类方法 [J]. 计算机工程, 2021, 47 (10)：252-259.

[11] Swain P, Iddan G J, Meron G, et al. Wireless capsule endoscopy of the small bowel：Development, testing, and first human trials [J]. Biomonitoring & Endoscopy Technologies, 2001, 4158：19-23.

[12] Ramieliakim. Wireless capsule video endoscopy：Three years of experience [J]. 世界胃肠病学杂志：英文版（电子版）, 2004, 10 (9)：1238-1239.

[13] Gheorghe C, Iacob R, Bancil A I. Olympus capsule endoscopy for small bowel examination [J]. Journal of gastrointestinal and liver diseases：JGLD, 2007, 16 (3)：309-313.

[14] Beg S, Wronska E, Araujo I, et al. Use of rapid reading software to reduce capsule endoscopy reading times while maintaining accuracy-ScienceDirect [J]. Gastrointestinal Endoscopy, 2020, 91 (6)：1322-1327.

[15] Li C Y, Zhang B L, Chen C X, et al. OMOM capsule endoscopy in diagnosis of small bowel disease [J]. Journal of Zhejiang University SCIENCE B, 2008, 9 (11)：857-862.

[16] 陈洪瀚. 基于胶囊内窥镜图像的消化道钩虫及常见内容物计算机自动检测技术研究［D］. 成都：西南交通大学，2017.

[17] Maple J T, Banerjee S, Barth B A, et al. Methods of luminal distention for colonoscopy［J］. Gastrointestinal Endoscopy, 2013, 77 (4): 519-525.

[18] 薄陆敏, 廖专, 徐灿, 等. 1000例OMOM胶囊内镜检查患者的回顾性分析研究［J］. 中华消化内镜杂志，2014, 31 (2): 102-105.

[19] 叶波. 基于旋转永磁体的磁性螺旋型胶囊内窥镜主动控制研究［D］. 武汉：华中科技大学，2016.

第七节

医疗机器人

李正义

    机器人是一种自动化的机器，机器人具有一些不寻常的能力，比如动作的精度很高，运动的速度很快，不知疲倦，是大力士等。此外，机器人往往由计算机控制，因此也具有强大的信息处理能力。相比于人类，机器人完成重复性、简单的任务的能力是远超人类的。随着机器人技术的发展与成熟，特别是与人工智能技术的融合，机器人有望帮助人类完成更多的工作，在医疗领域也是如此。应用于医疗领域，帮助医护工作者更好地完成工作的这类机器人称为医疗机器人。

    目前，医疗机器人还处于发展阶段，医疗工作的方方面面需要发挥机器人不同的能力，因此也就需要不同作用的医疗机器人。目前，医疗机器人根据用途可以细分为不同的类型，但所有的医疗机器人都包括硬件和软件两部分，其中硬件部分也就是它的外形和材质，软件部分是它执行的指令。不同的机器人有不同的软硬件，这都是工程师根据具体的医疗任务需要定制的。这里介绍目前临床上使用的几类典型的医疗机器人。

1. 手术机器人

    手术特别是微创手术时，要求外科医生在尽量小的创口内快速地完成精细的手术操作（创口大会留下瘢痕），这对外科医生的体能及注意力要求较高，而机器人具有超强的运动能力和耐力，若医生和手术机器人合作则刚好互补，医生负责发号施令，手术机器人来执行，手术将做得又好又快！事实也是如此！

    手术机器人有很多种，这里介绍目前临床上比较先进的一种手术机器人："达芬奇"手术机器人。如图1所示，"达芬奇"手术机器人可分为工作台和控制台两部分，工作台是做手术的平台，控制台是医生观察手术过程并给机器人发送指令的地方。其中工作台上安装有细长的多个手臂，这些手臂末端可以安装微型相机、微型的手术刀或缝合伤口的工具等，可通过多个微小的创口进入人体，并利用安装在末端的微型工具在人体内部器官拍照和开展手术。目前临床上可以完成活组织检查、切除癌性肿瘤、修复心脏瓣膜和胃旁路手术。

"达芬奇"手术机器人的手术过程实际上主要由外科医生远程控制,医生从控制台上的三维显示器上实时观察微型相机拍摄的手术执行情况,并通过控制台上的手柄控制机器人多个手臂协同运动来完成手术。"达芬奇"手术机器人的每个手臂就是一个独立的多自由度机械臂,具有超强的能力。一方面,机械臂的控制系统可以放大医生操作的运动与定位精度和运动速度;另一方面,相比于医生的两只手,安装有多只手的机器人能够在狭小空间内完成复杂的运动。此外,多个手臂装配有不同的手术工具,可以快速地切换以完成钻孔、切割、缝合等操作,节约了手术工具切换的时间,提高了手术的成功率。临床证明利用手术机器人的帮助,外科医生可以以微创的方式完成复杂的手术,且能明显缩短手术时间、减少伤口感染风险和手术过程中的出血量,这是传统手术做不到的!

近年来,随着计算机视觉与图像处理技术的发展,掌握这些技术的手术机器人将能帮助医生更安全和高效地完成外科手术。例如:通过虚拟现实技术提供立体且清晰的手术操作场景,医生能更细致地观察手术过程;计算机视觉能更准确地识别出各种人体组织,在手术当中帮助医生避开对肌肉与神经的损伤;经过学习的手术机器人甚至能独立完成一些固定的手术操作。

图1 "达芬奇"手术机器人

2. 康复与辅助机器人

康复与辅助机器人用于帮助人体正常机能受损后进行康复训练或代偿,降低机能受损对人的生活的影响。康复与辅助机器人是目前应用较多的医疗机器人,其种类也很多,典型的包括假肢和运动辅助装置。图2所示为一种假肢手,图3所示为下肢运动训练装置。

假肢手可以代偿截肢后缺失的手部,其机械机构可以看成一个缩小版精致的机械臂,采用特殊的材料制作,保证外观、尺寸、重量及关节的运动与人手相当。假肢手的运动控制有多种形式,一种是通过采集肢体上残余肌肉的肌电信号来识别人的运动意图,并根据运动意图来控制假肢的运动,这类假肢称为肌电假肢;另一种是依靠一些机械开关或运动传感器来控制假肢的运动,这类称普通假肢。一般来说,肌电假肢相对普通假肢来说适用性更好。近年来,一些先进的假肢上安装有触觉传感器并提供触觉反馈,其通过施加合适的电刺激到残肢上的感觉神经,激活感觉神经使之产生触觉神经信号并传到大脑,让使用者重新感受到触觉信息，具有触觉反馈的假肢能更好地融入使用者的控制中，让使用者感觉到假肢是属于自己身体的一部分。

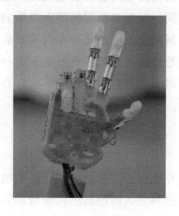

图2　假肢手

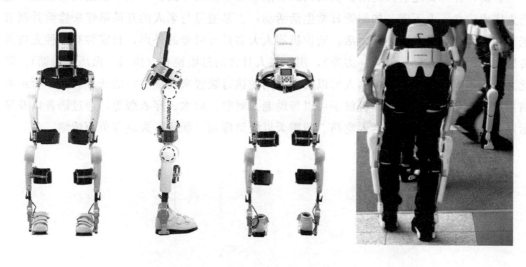

图3　下肢运动训练装置

脑卒中、瘫痪、脑外伤等引起运动功能障碍会使患者失去一些运动能力，比如步行与说话能力。对于这类疾病，在手术或药物治疗的同时以及出院后很长一段时间，患者需要在专业医师帮助下进行科学的肢体康复训练，以使患者重新习得运动技能。这有点像婴儿学习走路与说话，需要帮助和长期的练习。这类康复训练显然是一项费力、长期且单调重复的任务，专业医师通过施加力来带动患者的患肢完成运动。为减轻医师的工作强度，工程师们设计了不同的人体运动辅助装置，以代替医师来辅助患肢完成康复训练。图3所示的外骨骼步行辅助装置，采用轻质刚性材料作为骨架，为下肢的站立提供支撑。骨架上安装有多个力矩电机分别给装置的髋关节、膝关节以及踝关节提供足够的旋转动力，带动人体下肢对应的关节完成运动。步行辅助装置通过粘贴在皮肤上的电极片采集肌电信号，并从肌电信号中提取出使用者的运动意图，并以此来控制运动辅助装置各个关节的运动，整个装置也将带动附着它的肢体运动，完成康复训练。此外，整个步行辅助装置各个运动关节安装有角度和力传感器，可以检测使用者的运动能力，配合安装的计算机控制系统，可以完成肢体运动能力的实时监测。医师将根据机器人提供的运动能力反馈来科学规划后续的训练任务，并将新的任务更新到机器人的指令中以更新后续的康复训练动作。

康复与辅助机器人的发展趋势是人与机器更好地融为一体，通过先进的传感与信息处理技术，人类将来也许控制机器人就像控制自己的手一样自如，那时的机器人将赋予人类更强的能力和给予更多的帮助。

3. 陪护机器人

越来越多的失能老人需要专业医护人员的照顾，陪护机器人用于帮助医护人员完成一些常规的日常护理工作，比如照顾老人的起居生活或帮助完成定期的体温、血压与血糖测量等重复性工作。从繁重的日常护理工作中解放出来的医护人员主要完成一些复杂的医疗任务。

目前，针对失能老人的陪护机器人的功能主要包括两方面：一是提供助力以帮助失能老人完成进食、上下床、如厕等日常生活活动；二是通过与老人的互动陪伴来检测并调节老人的情绪。为融入人类的生活，陪护机器人大多具有可爱的外形，且安装有多种先进的传感器（声音、光学、气味、力等），用于老人日常的健康检查（体温、血压、血糖）。除此之外，不同用途的陪护机器人可以安装不同的执行装置来完成特定的任务。图 4 所示的陪护机器人安装有机械手，机械手可以帮助老人就餐、取水、穿衣服等，通过语音以及显示器与老人交互，可提醒老人吃药、陪聊天以缓解疼痛、烦躁、失落等负面情绪。

图 4　陪护机器人

近年来，随着人工智能技术的发展与应用，面部表情识别、自然语言处理、图像处理等技术提高了陪护机器人的智能化水平，使陪护机器人有能力更好地与老人进行交互。

4. 医疗运输机器人

与物流领域的运输机器人相似，医疗运输机器人在医院帮助工作人员安全地转运患者、药品、实验样本以及器械等，减轻医务人员的日常运输工作，提高医疗救护的效率。

目前医疗运输机器人的移动一般是靠轮子或履带，且安装有自主导航系统，可以远程操控也可以独立移动，具有在医院复杂环境中安全通行的能力。医疗运输机器人有着不同的机械结构以适应不同的运输任务。如图 5 所示，第一种医疗运输机器人安装有灵巧的机械手用于抓取药品，第二种医疗运输机器人安装有床，方便转运病人。医疗运输机器人在医务人员和感染者之间转运医疗物资，实现医务人员与感染者的物理隔离，有效地降低了医务人员受感染的风险。

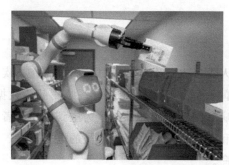 

图 5　医疗运输机器人

目前，医疗机器人的应用还处于初期，远没有达到普及的程度。原因是医疗机器人还存在一些不足，首先是目前机器故障率偏高，一些医疗机器人的可靠性还不能完全满足医疗领域的要求，无法大规模地应用；其次，医疗机器人的使用费用较高；最后，培训医务人员熟练使用医疗机器人也需要花费较多的时间和金钱。

医疗机器人目前主要是作为医务人员的帮手，在医务人员的指挥下完成简单的、重复性的任务，但医疗机器人显然不会止步于此！随着人工智能技术更多地应用到医疗机器人中，医疗机器人的智能化水平将得到显著提高，将更能胜任医疗领域中更复杂的任务。

参考资料

[1] 叶勇. 人工智能在医疗领域中的应用和挑战［J］. 长江信息通信, 2024, 37 (5)：101-103.
[2] 黎文娟, 马泽洋, 曾磊, 等. 国内外医疗机器人发展现状及趋势［J］. 机器人产业, 2022 (6)：72-86.

第八节

医疗健康工程

谢勤岚

科技进步使医疗领域的研究不断取得突破。人类过去几十年在信息收集、研究、疾病治疗和医患沟通等方面完成了众多创新。从望、闻、问、切到可穿戴设备监测健康数据，人工智能预测基因结构、病变靶区；从面对面治病到网上看病；从医生为主到医生患者共同努力，科技的发展带来了许多新的设备、药物和治疗手段，提高了人类的健康观念、医疗技术、疾病治疗水平，更挽救了无数患者的生命。

不难看出，传统医疗服务在人类对健康状况越来越关注的情况下不断提升，未来的医疗服务将不断地与工程技术、信息技术相结合，为传统医疗赋能。

一、医疗健康大数据

1. 数据支持下的医疗健康

首先，医疗健康的核心在于数据，整个医疗的存在是以患者为前提，从患者角度出发，抓住患者需求是核心。其次，是面向医务人员的"智慧医疗"，通过发展智慧医疗，如临床辅助决策系统、人工智能辅助诊疗、移动医疗等信息化技术赋能诊疗服务，实现医务人员诊疗效率、诊疗能力及诊疗质量的提高，这也是医院当前信息化建设发展的重点。

2. 什么是医疗健康大数据

2018年，国家卫生健康委发布了《国家健康医疗大数据标准、安全和服务管理办法（试行）》，旨在对健康医疗大数据服务管理，以及"互联网＋医疗健康"的发展等方面进行引导。近年来，新兴技术与健康医疗加速融合，健康医疗大数据蓬勃发展，带来健康医疗模式的深刻变化，有利于激发深化医药卫生体制改革的动力和活力，提升健康医疗服务效率和质量，扩大资源供给，不断满足人民群众多层次、多样化的健康需求，有利于培育新的业态和经济增长点，正在成为国家重要的基础性战略资源。

但健康医疗大数据作为新兴事物，也遇到一些新情况、新问题，需要及时加以引导规范。然而健康医疗大数据究竟指的是何种数据？其"大"又体现在何处？

如图 1 所示，健康医疗大数据通常可以划分为以下几个方面：

① 电子健康档案、电子病历、医学影像、检验检查等为主的健康医疗服务数据。

② 基因序列、蛋白质组等生物医学数据。

③ 新型农村合作医疗、城镇职工基本医疗保险、城镇居民基本医疗保险等医疗保险数据。

④ 药物临床试验、药物筛查、基本药物集中采购、医疗机构药品与疫苗电子监管等医药研发与管理数据。

⑤ 疾病监测、突发公共卫生事件监测、传染病报告等公共卫生数据。

⑥ 卫生资源与医疗服务调查、计划生育统计等统计数据。

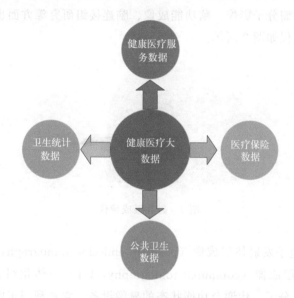

图 1　健康医疗大数据的具体分类

这些海量的数据作为整个医疗健康体系中的基本支撑，能够为临床工作者提供临床诊疗帮助，推进药物的研究发展；能够为公众健康带来强有力的分析保证，服务民众。未来健康医疗大数据的发展与应用将推动健康医疗模式的革命性变化，真正助推精准医疗理念。扩大健康医疗资源供给、降低医疗费用、提升医疗服务质量和效率，进而对我国经济、社会、科技和人民生产生活等产生重大而深远的影响。

二、医学与工程结合的改变之路

20 世纪 50 年代，医学与工程的结合产生了新兴的生物医学工程学科，生物医学工程技术的发展使得几十年来现代医学所取得的成就超过了以往的总和。

21 世纪初，国内仅有少数几所高校设立生物医学工程专业，而如今很多高校已设立生物医学工程、智能医学工程等专业，这标志着工程应用对医学的支撑已经从早期的"医工交叉""医工结合"的层次步入"医工融合"的阶段。

各种新型的医学影像仪器、医学检验仪器、手术仪器、监护仪器、康复仪器以及各种家用医疗设备层出不穷,医学工程已经与传统的医、药一起,构成了现代医学模式不可或缺的组成部分,贯穿了疾病的预防、诊断、治疗和康复等各个环节。

1. 常见的医学影像器械

磁共振成像(magnetic resonance imaging,MRI)是目前临床医学诊断和基础生命科学研究中最重要的影像学工具之一,具有无损无创、软组织对比度高、成像参数和对比度众多、图像信息丰富等特点。近年来,磁共振成像在仪器技术和应用研究方向都取得了飞速的发展。超高场强、超快速和超灵敏磁共振成像等一批尖端成像技术正在走向临床,并与大数据、人工智能、诊疗一体化等其他先进技术相互渗透、相互融合,在应用研究方面,磁共振成像在肿瘤分子影像、脑功能成像、脑连接组研究等方面也发挥着越来越重要的作用。磁共振成像仪如图2所示。

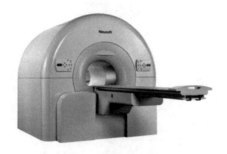

图 2 磁共振成像仪

PET 全称为正电子发射体层成像(positron emission tomography),PET-CT(图3)是 PET 与计算机体层成像(computed tomography,CT)一体化组合的影像诊断设备,是反映病变的基因、分子、代谢及功能状态的显像设备。它是利用正电子核素标记葡萄糖等人体代谢物作为显像剂,通过病灶对显像剂的摄取来反映其代谢变化,从而为临床提供疾病的生物代谢信息,是当今生命科学、医学影像技术发展的里程碑。融合机型发挥出 PET 和 CT 成像的优势并弥补了各自的不足。目前已成为国内核医学科的主流显像设备,被广泛应用于肺癌、乳腺癌、骨骼病变、甲状腺病变等疾病的早期诊断和治疗中。

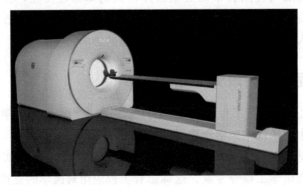

图 3 PET-CT

超声作为四大医学影像设备之一，相比于其他诊断设备，具有实时、连续、动态地观察器官的形态学病变和功能性改变的特征，另外没有辐射、价格比较便宜，所以在临床上取得了广泛的应用。随着计算机等技术的不断发展，超声诊断仪由刚开始的 A 型逐渐发展为 M 型、B 型、彩色多普勒型（图4），成像也是由一维发展为二维，再到后来的三维、四维成像等。

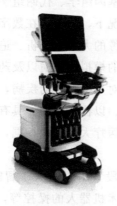

图 4　彩色多普勒超声机

2. 传统医疗模式与现代医学模式

21 世纪以来，大数据、云计算、人工智能以及机器人等新兴技术的发展，促使医学模式面临又一次的重大变革，工程医学最终进化到"智能医学"的阶段。现代医学模式的各种应用如图 5 所示。与传统的医学模式相比，现代医学模式具有如下特点。

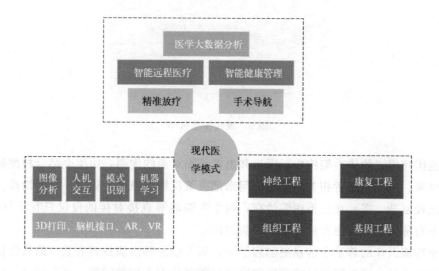

图 5　现代医学模式的各种应用

一是以患者为中心。随着医疗装备的微型化、网络化、家庭化和智能化，以及可穿戴设备、互联网、5G移动通信等技术的发展，医疗的场景逐渐延展至患者家庭，形成以患者为中心的个性化的精准医疗和健康管理。由智慧医院、区域医疗中心、家庭自助健康监护终端所构成的三级远程医疗网络，将逐渐取代原有的以医院为中心的医疗模式，极大缓解"看病难""看病贵"等一系列问题。

二是由大数据驱动。通过可穿戴或可植入设备，医生可全天候地实时获取患者的生理、心理数据，再加上患者的各类基因组学、代谢组学、影像组学大数据，以及通过物联网获取的行为学数据等，在理想情况下，医生可在数字空间形成一个完整的、全方位的患者的数字医疗映像。通过对数字映像的大数据分析、追踪，可形成针对患者个体的精准医疗方案，通过对虚拟患者诊疗过程的模拟、推演以及药物试错、疗效评估，可极大降低误诊的风险，提高疾病的治愈率。针对某一特定的疾病，可通过汇聚海量的患者数据，利用数据挖掘的手段，从中找出隐含的、以往未知的、具有潜在医学价值的信息，从而揭示疾病的发生、发展规律。有趣的是，医疗大数据的挖掘，有可能突破人类思维的局限，从意想不到的角度启迪新的医学发现。

三是人机协同。在智能医学阶段（图6），人工智能将发挥越来越重要的作用，协助医生完成海量医学数据的处理、手术机器人的操控等，从而将医生逐步从低端的重复性、重体力劳动中解放出来，转而从事更为高端的综合决策、复杂病例研究等工作。因此，如果说工程医学的目标是应用工程技术手段辅助诊疗的话，那么在现代医学阶段，将形成一种新型的人机协作的形式，完成疾病的智能诊断和精准治疗。

图6　现代智能医学

传统医疗模式的体系架构中，医生和患者是面对面的沟通，医生会结合检测的各项生理参数结果，以及对患者相关状况的询问来把决策反馈给患者，做下一步的治疗。一旦患者的情况较复杂，需要在其他医院诊疗，两个医院能够直接对接的仅仅只有下行的数据。信息的不对称将会导致患者接受更加昂贵的治疗。

如今智能医疗的普及令信息更加扁平化，病人也能够很快找到有效、最具性价比的药物或者治疗途径，同时智能医疗可以解决医疗资源分配不均的问题，可以通过搭建互联网平台实现远程诊疗，将优质的医疗资源输送到全国各地。

三、现代信息技术的价值与在医疗行业的发展展望

以计算机为代表的信息革命让地球变成了地球村,人们可以在全球范围内共享物质资源和信息资源,并基于此对生产生活方式解构和重组。现代信息技术经过高速发展,延伸出大数据、人工智能和移动互联网等新兴技术领域,这些新技术正在改变各行业的生产方式,成为新的生产要素、核心技术和竞争力的来源。医疗行业作为关乎国计民生的传统产业,随着现代信息技术的渗透和普及,各产业主体(医院、药企、药品器械分销商和患者)都将迎来新一轮的变革。

中国医疗产业经过多年的发展,已经建立了相对完备的产业体系,但是距离消费者日益庞大的健康需求还有一定的差距。

1. 现代信息技术的价值

随着大数据技术的发展,人们获取、存储、处理和传输数据的技术得到了长足的进步,可以用结构化的数据记录结果,还可以通过射频、摄像头、传感器、语音识别等技术真实地记录人们生产生活的全过程,形成了所谓的"大数据",基于这些数据,我们不仅可以依托经验和逻辑进行结果分析和有限的预测,还可以通过数据挖掘技术获得经验和逻辑之外的有价值的结论。医疗产品各主体在运营过程中沉淀了大量的数据,如检测数据、影像数据、诊疗处方数据、医药缴费数据、体检数据和基因测序数据等,随着各种可穿戴设备、智能体外诊断设备和智能家具家电的普及,我们还可以收集到运动数据、日常生化数据和饮食起居数据,这些数据可以构建个人健康管理、医院诊疗和药品研发的闭环。

人工智能和大数据是相互依存的,离开大数据的支持,算法不可能优化实现真正的智能,没有智能的算法挖掘,也不能提取大数据中的"金矿"。通过人工智能,我们不仅可以基于逻辑和过往经验进行分析,还可以通过机器学习,发现经验之外的事物之间的联系和结论。与蒸汽机和电动机解放人类体力不同,人工智能还可以基于大数据和算法辅助人类的决策,人工智能产品正在逐渐渗透到我们日常工作和生活中,除身处人工智能和机器人领域的产业外,其他产业亦将收到来自人工智能的机遇和挑战,医学作为一门循证科学,人工智能具有广阔的应用前景。

2. 现代信息技术在医疗行业的展望

面对医疗行业的突出问题,应对症下药,需要大数据专家、人工智能专家、医院、药企和投资资本方通力合作,寻求现代信息技术与医疗融合的解决之道。

首先实现远程诊断,传统模式下,患者就诊必须到医院诊室找医生,在基于现代信息的远程诊疗模式下,医生可以对外地的患者提供诊断和用药建议,等效于增加了优质医疗资源的供给。诊疗技术下沉,通过远程视频技术,可以建立远程专家会诊体系,主治医生可以与医学专家进行高清视频面对面会诊,提高诊疗水平。

其次,人工智能医疗辅助决策系统通过自然语义识别、图像识别和机器学习等技术,分析海量的病例数据、检测报告和影像数据,结合大量的医生治疗经验和指南,对病例给

出诊断结论和治疗建议。

相较于单个医生，人工智能辅助治疗系统基于海量的数据和顶尖医生的治疗方案，可以弥补医生个体诊疗经验的不足。此外，还可以提出多种治疗选择，方便医生根据患者的情况，制定出最理想的治疗方案。

最后，大健康管理是现代信息技术应用最广阔也是最重要的场景，个人健康管理的最终目的是实现自身健康成长，未来随着现代信息技术的进一步成熟和国家相关产业政策的出台，智慧研发、智慧医疗和智慧健康管理形成的产业闭环将大幅提高人们的生命质量，更好地将医疗健康与现代信息技术与工程相结合。

参考资料

[1] 王维霞，高山，王华，等．我国健康医疗大数据相关标准及体系建设分析［J］．信息技术与标准化，2024（6）：70-73．

[2] 廖智麒．浅谈磁共振成像设备的质量控制与计量检测［J］．计量与测试技术，2024，51（5），125-130．

第九节

医学人工智能与药物研发

谌先敢

人类的生存离不了药物,药物是用以预防、诊断和治疗疾病的物质。

19世纪实验科学的兴起,使科学家相信可以从天然药物中提取有效的成分,进一步提高药物的效力和控制药物的剂量。罂粟是第一个被破解的草药,从罂粟果中可以提取出吗啡,吗啡被认为是首个从植物体内分离出的活性成分,被认为是现代药物创新的起点。

20世纪初,"化学疗法之父"德国科学家埃尔利希提出了"锁和钥匙"的药物和受体关系,受体像锁一样,只有特定的钥匙才能打开锁并发生变化,这把特定的钥匙就是我们所说的药物。这种药物能精准定向,只攻击病原,不伤害身体。这也是21世纪药物研发的方向。

药物研发流程如图1所示,主要包括如下几个环节:针对某种疾病寻找靶点,设计小分子药物,生物试验,临床试验,审批上市。这是一个耗时长、投入大、效率低的工作。药物研发是一个不断试错的过程,为了降低成本,医学人工智能技术被用到了药物研发的各个环节,具体应用包括靶点发现、虚拟筛选、分子生成、ADMET预测、不良反应预测、药物重新定位等方面。

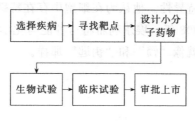

图1 药物研发流程

药物研发专家通过文献和经验推测靶点可能需要2~3年,而且发现靶点的概率较低。人工智能程序可以从海量的医学文献、专利和各种医学数据中发现药物和疾病的相互关系,能够快速找到有效靶点或新靶点,称为靶点发现。通过人工智能手段来进行靶点发现,可以有效节省时间。

虚拟筛选，也称为计算机筛选。在进行实验筛选之前，利用分子对接软件模拟目标靶点和候选药物之间的相互作用，计算亲和力大小，以减少实际筛选化合物的数目。这种技术可以缩小潜在药物分子的范围，节省后续测试的时间和费用。

分子生成是指人工智能程序通过对海量的药物分子进行分析，提取这些药物分子的结构规律，根据这些规律生成自然界不存在的化合物作为候选药物分子。人工智能程序不会局限于已知的化合物数据库，可以在无限的化学空间里产生海量的新结构。分子生成可以扩展化学空间，为药物研发提供更多的先导化合物，还可以提高先导化合物的质量。

ADMET 性质是指药物在人体内的吸收、分布、代谢、排泄和毒性等性质。准确地预测候选药物的 ADMET 性质，对药物研发非常有必要。人工智能技术可以自动识别化合物的相关特性，综合分析多个 ADMET 参数之间的关系，可以进一步提高 ADMET 性质预测的准确率。

多种药物的组合对于治疗复杂疾病是常见的，但副作用的风险很高，因此组合药物的不良反应预测在临床中十分重要。在体外进行实验以确定药物-药物相互作用十分具有挑战性而且非常昂贵。人工智能程序基于已有的药物-药物相互作用和生物信息学数据，建立预测模型，可以预测组合药物的不良反应。选择那些不良反应概率最小的药物进行生物试验和临床试验，可以有效节省时间和成本。

由于新药的研发成本不断上涨、研发失败率居高不下，药物重新定位为药物研发提供了一个低成本的替代方案。药物重新定位是指为药物寻找原适应证以外的新用途。这些药物不局限于已经上市的药物，还包含处于临床前或临床研究中的潜在候选物。人工智能程序，可以使用各种生物信息学数据和已知的药物-疾病关联来开发预测模型，以预测新的药物-疾病关联，推断出药物新的适应证。

受体学说的提出经历了几代科学家百余年的探索。1905 年，英国生理学家兰格利（1852—1925 年）在研究烟碱与箭毒对肌肉的作用时，发现烟碱对肌肉有兴奋作用，而箭毒则阻断这种作用，他认为这两种药物是通过某一个专一作用部位来改变细胞的反应，该部位被称为"接受物质"。这是受体学说的萌芽。

诺贝尔奖获得者德国科学家埃尔利希在研究抗寄生虫药物时，发现如果将药物的化学结构稍加改变，其效力会发生很大的变化，具有相同抗寄生虫效力的药物对宿主毒性差异很大，抗体对抗原具有高度特异性。他认为在细胞中存在特殊的点或面，使药物与相应的"受体"结合而产生作用。1908 年，埃尔利希将这种能与化学药物起作用的化学基团称为"受体"。药物与受体结合，就像"锁"和"钥匙"那样。

参考资料

[1] 德劳因·帕奇. 药物简史 [M]. 北京：中信出版集团，2019.
[2] 叶哲伟. 智能医学 [M]. 北京：人民卫生出版社，2020.

第十节

远程医疗

张　莉　王虎成

你是否想象过,坐在家里就可以对自己的身体进行一些常规的检查,身体不舒服时,坐在家里就可以让医生进行诊断,并把药品送到家。从此看病不用东奔西跑。当然远程医疗的范围不仅仅局限在普通的常规检查中,更体现在平衡医疗资源,比如在一些偏远地区的医疗机构进行检查后遇到一些疑难问题不能解决,此时远程医疗就将发挥作用,将一些检查结果远程传输到医疗资源较好的医院,进行远程专家会诊,在现在的5G时代,利用5G网络的高传输速度和低延迟的特点,进行远程的医疗手术也不再是难题,这样病人即使在偏远地区也可以享受优质的医疗资源。

现在我们用专业的术语解释什么是远程医疗。远程医疗是通过计算机技术、通信技术、电子技术、影像技术和遥感遥测技术分发与健康相关的服务和信息,其核心特点是跨越空间障碍,提供非现场的医学信息和服务。远程医疗包括远程诊断、远程会诊、手术护理及远程医疗信息服务等所有医学活动。远程医疗可以使专家与病人、专家与医务人员之间异地"面对面"会诊,使身处偏僻地区和没有良好医疗条件的患者获得良好的诊断和治疗。我们先来了解一下远程医疗的发展历程。

远程医疗并不是这几年才有的新生事物,早在20世纪50年代末就已出现。当时美国学者Wittson首先将双向电视系统用于医疗,随后Jutra等创立了远程放射医学,此后不断有人利用通信和电子技术进行远程医学研究。1969年美国建立了远距离心电监护系统,20世纪70年代中后期远程医疗在一些发达国家开始立项研究并建立了多个远程医疗试点网,这为之后的发展积累了经验。1986年世界第一套商业化远程医疗系统创立,美国麻省医疗中心与佛罗里达医疗中心实现对接。

20世纪80年代后期,伴随着可用于提供医疗服务的通信、信息管理等方面技术的飞速发展以及对高质量医疗保健需求的日益增加,远程医疗进入了快行道,许多发达国家和发展中国家纷纷将远程医疗纳入信息基础设施建设的计划,大力开展远程医疗的研究并提供具体服务。此时我国也启动了远程医疗的探索,一些医院开始尝试举办了一些远程病例分析、远程手术及远程培训。

如 1988 年解放军总医院通过卫星与德国一家医院进行了神经外科远程病例讨论，1995 年上海教育科研网、上海医科大学成立了远程医疗会诊研究室，1996 年 10 月上海华山医院开通了卫星远程会诊，1997 年 11 月上海医科大学儿童医院利用综合业务数字网（ISDN）与香港大学玛丽医院进行了疑难病的讨论等。

最近十余年来，我国远程医疗进入实际应用阶段，上海交通大学已开发完成全国首个无线远程心电监控技术服务平台，该系统可以实时将人体生理信号转换为数字信号，通过移动网络使医学专家能在第一时间获得心血管疾病的诊断和预警。2011 年，我国首家急诊远程监护室在武警总医院急救监护中心启用，通过通用分组无线服务（GPRS）技术实时远程心电监测。呼救者可以通过"护心宝"监测器与医生进行交流。

都说 5G 会改变各行各业，其中，5G 医疗健康就是 5G 技术在医疗健康行业的一个重要应用。随着 5G 正式商用的到来以及与大数据、互联网＋、人工智能、区块链等前沿技术的充分整合和运用，5G 医疗健康越来越呈现出强大的影响力和生命力，对推进深化医药卫生体制改革、加快"健康中国"建设和推动医疗健康产业发展，起到重要的支撑作用。那么，5G 将如何改变医疗行业呢？下面我们来看看 5G 医疗健康在具体领域的应用。

1. 远程会诊

我国地域辽阔，一些偏远地区的居民难以获得及时、高质量的医疗服务。传统的远程会诊采用有线连接方式进行视频通信，建设和维护成本高、移动性差。5G 网络高速率的特性，能够支持 4K/8K 的远程高清会诊和医学影像数据的高速传输与共享，并让专家能随时随地开展会诊，提升诊断准确率和指导效率，促进优质医疗资源下沉。远程会诊流程如图 1 所示。

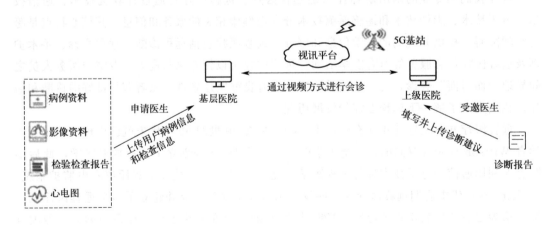

图 1 远程会诊流程

2. 远程超声

与 CT、磁共振成像等技术相比，超声的检查方式很大程度上依赖于医生的扫描手法，探头类似于医生做超声检查时的眼睛，不同医生根据自身的手法习惯来调整探头的扫描方位，选取扫描切面进行诊断，最终检查结果也会有相应的偏差。

由于基层医院软、硬件条件有限，故需要建立能够实现高清无延迟的远程超声系统，充分发挥优质医院专家优质诊断能力，实现跨区域、跨医院之间的业务指导、质量管控，保障超声工作时的规范性和合理性。

远程超声由远端专家操控机械臂对基层医院的患者开展超声检查，可应用于医联体上下级医院，及偏远地区对口援助帮扶，提升基层医疗服务能力。

3. 远程手术

利用医工机器人和高清音视频交互系统，远端专家可以对基层医疗机构的患者进行及时的远程手术救治。5G 网络能够简化手术室内复杂的有线和 WiFi 网络环境，降低网络的接入难度和建设成本。远程手术示意如图 2 所示。

利用 5G 网络切片技术，可快速建立上下级医院间的专属通信通道，有效保障远程手术的稳定性、实时性和安全性，让专家随时随地掌控手术进程和病人情况，实现跨地域远程精准手术操控和指导，对降低患者就医成本、助力优质医疗资源下沉具有重要意义。

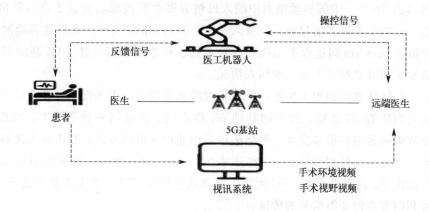

图 2　远程手术示意

不仅如此，在战区、疫区等特殊环境下，利用 5G 网络能够快速搭建远程手术所需的通信环境，提升医护人员的应急服务能力。

4. 远程监护

远程监护是利用无线通信技术辅助医疗监护，实现对患者生命体征实时、连续和长时间的监测，并将获取的生命体征数据和危急报警信息以无线通信方式传送给医护人员的一种远程监护形式，如图 3 所示。

依托 5G 低时延和精准定位能力，可以支持可穿戴监护设备在使用过程中持续上报患者位置信息，进行生命体征信息的采集、处理和计算，并传输到远端监控中心，远端医护人员可实时根据患者当前状态，做出及时的病情判断和处理。

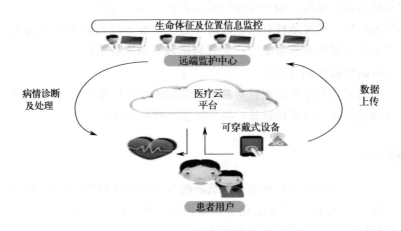

图 3　远程监护示意

5. 远程医疗实践案例

2019 年 3 月 16 日，中国移动助力中国人民解放军总医院成功完成了全国首例 5G 远程人体手术——帕金森病"脑起搏器"植入手术。5G 网络高速率、大带宽和低时延的特性，有效保障了 3000km 间远程手术操控的稳定性、可靠性和安全性，4K 高清音视频交互系统帮助专家随时掌控手术进程和病人情况。

此次手术的网络架构如图 4 所示，手术室内的视讯设备、手术操控设备及医生端控制设备分别接入当地的 5G 基站，经中国移动 5G 核心网、传送网和骨干网等，实现 5G 远程手术业务数据的传输和信号交互。网络架构采用非独立组网方式，在中国人民解放军总医院北京和海南两院内分别部署了 5G 室分站点，开通 2.6G 频段，保障网络覆盖面积精准可控。在该次 5G 远程手术中，5G 网络主要承载电极操控及患者生理监护数据、4K 高清视频信号和四方会诊 3 类信号的传输。

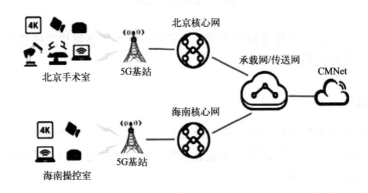

图 4　手术网络架构

此次远程手术过程中，远程操控信号和生理体征监测数据、各类音视频信号均传输流畅。5G 网络峰值速率超过 700Mb/s，上行平均 71Mb/s，下行平均 500Mb/s，为手术提供超高速率带宽，从北京手术室到海南会诊室的时延总计约 90ms，为手术提供超低时延数据传输，未出现因超长距离信号传输出现卡顿、处理不及时、反馈迟钝等不良事件，充分验证 5G 远程手术的可行性。

我国虽已正式跨入 5G 时代，5G 技术有望在远程医疗领域的多个场景应用，远程医疗的内涵也在不断地演变和丰富，但其发展仍然面临着一些问题，如法律法规不健全、系统平台功能不完善、远程医疗专业人才缺乏等。结合一些国家远程医疗的发展经验，我们应进一步加强远程医疗的法律法规建设、完善远程医疗系统功能、加快远程医疗人才队伍建设，以促进远程医疗的持续健康发展。除此之外，加快 5G 网络基础设施建设及完善配套产业链也势在必行，相信在不久的将来，远程医疗将会越来越普及，5G 智慧医疗将会彻底改变我们的看病方式。

参考资料

王林．基于无线体域网的远程健康监护及其应用决策方法的研究［D］．上海：华东理工大学，2016．

第六章

数学与统计

第一节

Diffie-Hellman 密钥交换——公开传递的秘密

贾小英 夏永波

我们来思考这样一个问题：甲需要经常委托乙将文件带给丙，但是甲又担心乙会偷看文件，所以她找来一个带锁的箱子，并将钥匙提前交给丙一份。需要传递文件时，将文件放入箱子并锁上，然后将锁好的箱子交给乙。丙收到箱子后，拿出事先得到的钥匙打开箱子，就可以看到文件了。只要乙没有打开箱子的钥匙，就没有办法在传递的过程中偷看文件内容。如图 1 所示。

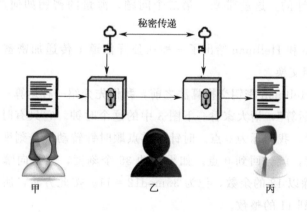

图 1 文件秘密传递示意

将这个过程模型化，就是加密系统的基本模型，如图 2 所示。甲是信息的发送者，她想要传递给丙的消息我们称为明文，她用来锁箱子的钥匙就是加密密钥，而她对箱子上锁的过程就是加密算法。锁上之后的箱子我们称为密文。丙是信息的接收者，他用来打开箱子的钥匙称为解密密钥，他打开箱子的过程就是解密算法。而替他们传递消息的乙，就是公开信道。乙是不可信任的，也就是公开信道是不安全的，攻击者有可能窃取上锁的箱子。

在这个过程中，甲锁箱子的钥匙和丙开箱子的钥匙是一样的，这种加密方式我们称为

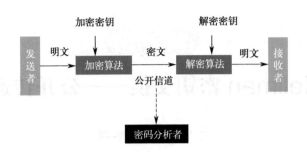

图 2　加密系统基本模型

对称加密。也就是，发送方选择一种加密规则，在密钥的作用下，对信息进行加密；接收方使用同一种规则，在相同的密钥作用下，对信息进行解密。这一过程中，一旦密钥泄露，机密性将不复存在，因此，密钥的私有性至关重要。

那么问题来了：甲如何将钥匙安全地交给丙呢？他们当然可以提前见面移交钥匙，就像古代的战场上使用信使来传递机密情报。但这样传统的传递方式显然不能满足信息时代的需求。甲和丙在互联网上通信，他们可能处于地球两端，也或许之前根本就不认识，互联网的开放性决定了直接通过网络传递密钥是不安全的，那么他们如何共享密钥呢？此外，如果任意两个需要保密通信的用户之间都需要共享一个密钥，假设有 1000 个用户，他们希望能够互相保密通信，需要多少个密钥呢？答案是 499500 个！我们知道，互联网上的用户是数以亿计的，这就带来了第二个问题，海量的密钥如何产生、保存、分发、管理？

1976 年，Diffie 和 Hellman 给出了一种在公开信道上传递加密密钥的方法，简称为 Diffie-Hellman 密钥交换。

在介绍 Diffie-Hellman 密钥交换算法之前，我们先介绍一种运算——模运算，有时也形象地称为"时钟运算"，请大家看一下图 3 中的这个时钟。它只有时针，没有分针和秒针。在 12 点的位置，我们标为 0 点。时针从零点顺时针转动一个刻度就是 1 点，以此类推，转动 12 个刻度，就会回到 0 点。如果转动 35 个刻度，会指向哪里呢？答案应该是 11 点。也就是 35 除以 12 的余数，记为 $35 \bmod 12 = 11$。按此方法，所有的整数时间，都可以表示成一个 0 到 11 的整数。

图 3　示意时钟

模运算，实际上就是求余数的运算。如果两个整数模同一个数的余数相同，我们称为同余，用符号"≡"表示。例如 35≡47mod12。

接下来我们了解一下离散对数问题。什么是对数，大家应该知道，它是指数函数的反函数。而什么是离散对数呢？简单地说，将对数函数的运算应用到整数的模指数运算上，就是离散对数了。

比如已知同余方程 $7^x \equiv 8 \bmod 13$，求 x 的值，就是求离散对数的运算。因为 x 的取值范围在 0～12 之间，所以可以一个个去尝试，直到计算到 $7^9 = 40353607 \equiv 8 \bmod 13$ 时，我们找到了答案，所以 $x \equiv 9 \bmod 13$ 就是这个同余方程的一个解。

目前，求解离散对数虽然有比这种一个个尝试更高效的方法，但当模数很大时，即使是最快的计算机找到正确答案所耗的时间也无法接受，这就是离散对数困难问题，也是 Diffie-Hellman 密钥交换协议的理论基础。在 Diffie-Hellman 协议中，我们总是选取一个很大的素数 p 作为模数，因为对于素数来说，总能找到一个元素 $g(1<g<p)$，使得对于任意的整数 a，$g^x \equiv a \bmod p$ 是有唯一解的，这样的元素我们称为集合 $Z_p^* = \{1, 2, \cdots, p-1\}$ 的生成元。

下面我们就来看一下 Diffie-Hellman 协议的具体流程。甲和丙希望能在公开的互联网上交换一个加密的密钥。

① 首先选取一个大素数 p 和 Z_p^* 的生成元 g，p 和 g 是公开的。
② 甲选择一个秘密的随机数 $x \in Z_p^*$，计算 $A = g^x \bmod p$，将 A 发送给丙。
③ 丙也选择一个秘密的随机数 $y \in Z_p^*$，并计算 $B = g^y \bmod p$，并将 B 发送给甲。
④ 甲计算 $K_A = B^x \bmod p$，丙计算 $K_B = A^y \bmod p$。

我们很容易验证：

$$K_A = B^x \bmod p = (g^y)^x \bmod p = (g^x)^y \bmod p = A^y \bmod p = K_B$$

也就是说甲计算得到的密钥 K_A 和丙计算得到的密钥 K_B 是相等的！

例如，选择 $p=13$，$g=2$ 作为公开参数，甲和丙的密钥协商过程如下：

① 甲任选一个 1～12 范围内的数 x，如 $x=9$，计算 $2^9 \bmod 13 = 5$，将 5 发送给丙。
② 丙任选一个 1～12 范围内的数 y，如 $y=7$，计算 $2^7 \bmod 13 = 11$，将 11 发送给甲。
③ 甲计算密钥 $K_A = 11^9 \bmod 13 = 8$。
④ 丙计算密钥 $K_B = 5^7 \bmod 13 = 8$。

甲和丙得到了他们的共享密钥 8。那么其他人能否计算出相同的密钥呢？

在这个过程中，g，p 以及甲和丙之间传递的消息 A 和 B 都是可以获取的。如果攻击者乙可以解决离散对数问题，即从 $A = g^x \bmod p$ 中得到 x，或从 $B = g^y \bmod p$ 中得到 y，就可以像甲和丙那样计算密钥。不幸的是，离散对数问题是困难的。而由 $A = g^x \bmod p$，$B = g^y \bmod p$ 计算 $K = g^{xy} \bmod p$ 的问题，虽不等于直接计算离散对数问题，但也是一个困难问题，目前并没有发现比计算离散对数更容易的方法来求得 Diffie-Hellman 问题的解。

也就是说，甲可以利用自己的秘密参数和对方传递过来的值计算出一个相同的密钥，但攻击者即使可以获取公开信道上传递的所有内容，也无法计算出甲和丙协商出的密钥。

甲和丙通过一个完全公开的信道，共享了一个只有他们知道的秘密！

Diffie-Hellman 问题的困难性是否就足够保证 Diffie-Hellman 密钥交换算法的安全性了呢？对于一个只能被动地从信道上截获信息的攻击者来说，答案是肯定的，但是对于一个可以主动攻击的敌手，情况可能就不一样了。

假设乙就是这样的一个攻击者，他不仅可以截获信道上的信息，还可以对其进行修改。乙选择自己的一个随机秘密参数 z。他截获甲发送给丙的信息 $A = g^x \bmod p$，并将其篡改为 $C = g^z \bmod p$ 并发给丙，当丙给甲发送消息 $B = g^y \bmod p$ 时，他也将其篡改为 $C = g^z \bmod p$，并发给甲。甲用收到的信息和自己的秘密值计算密钥 $K_A = C^x \bmod p$，而丙计算出的密钥为 $K_B = C^y \bmod p$，但乙可以计算出 $A^z \bmod p = K_A$，也可以计算 $B^z \bmod p = K_B$。也就是甲和丙之间并没有共享一个相同的密钥，但他们分别和攻击者乙共享了一个密钥。当甲发送消息给丙时，会用 K_A 进行加密，攻击者乙截获到消息后，用 K_A 解密，然后用 K_B 再加密发送给丙，丙收到消息后，可以用 K_B 正常解密，反之亦然。甲和丙都认为自己在和对方通信，并且认为自己的密钥是和对方共享的。事实上，他们只是分别在和中间人乙通信，乙已经神不知鬼不觉地获取甲和丙通信的所有内容了！这种主动介入双方通信过程，并可篡改双方通信内容的攻击我们称为中间人攻击（man-in-the-middle attack）。

乙为什么可以攻击成功？因为没有对发信者的身份进行认证，乙可以冒充丙和甲通信，也可以冒充甲和丙通信。如何防止中间人攻击呢？答案就是引入身份认证机制，那又是另一个有趣的话题了。

参考资料

[1] 结城浩. 图解密码技术 [M]. 3 版. 周自恒, 译. 北京：人民邮电出版社, 2020.
[2] 贾小英. 走进密码学. 学银在线课程平台, 中南民族大学, 2019.

第二节

Hash（哈希）函数——消息的"指纹"

贾小英

美国网络司令部于 2010 年 5 月成立，它的标志公布后，人们发现除了地球、老鹰、盾牌、钥匙等元素外，在它的环状内缘刻有 32 个神秘的字符，这引起了人们极大的兴趣。这 32 个字符从何而来？美国某著名杂志号召对密码学感兴趣的民众尝试破译这串字符的含义，字符很快就被破解。原来它是网络司令部的任务声明。那么长的一段话，是如何转换成短短的 32 个字符呢？答案就是"MD5 算法"，也是最著名的 Hash 函数之一。

什么是 Hash 函数？Hash 函数，也译为散列函数、杂凑函数或直接音译为哈希函数。它是将任意长度的输入消息转换为固定长度输出的一个函数。Hash 函数的输出也称为 Hash 值、散列值或者消息摘要（message digest）。

Hash 函数的一个重要作用就是保证信息的完整性不被破坏。小明每天要在公司的公用服务器上处理大量的数据文件，文件如果在自己离开期间被其他同事有意或无意地篡改，就会影响到第二天的工作。如果每天将大量未处理完成的文件复制带回家，未免过于烦琐，并且公司也规定数据文件不能复制。怎么办呢？他可以选择一个 Hash 函数，计算文件的 Hash 值，并将 Hash 值保存到自己的邮箱或 U 盘上。第二天到公司后，重新计算数据文件的 Hash 值，和之前保存的 Hash 值做比对，如果相同，那么就可以认为文件是完整的，如果不相同，那么就有理由怀疑文件被人改动了。

Hash 值就像是消息的一个"指纹"。只有和预留的"指纹"做比对完全符合，才能肯定消息的完整性。而 Hash 函数，就是采集消息"指纹"的过程。那么，是不是任意的 Hash 函数都可以充当消息的"指纹"采集器呢？在上面的例子中，如果小明的文件被人修改了，但是改动后的文件计算的 Hash 值和之前的 Hash 值是一样的，那么小明就无法发现文件的改动，这样的 Hash 函数显然是不符合要求的。

想要具有完整性验证的功能，就不得不说到 Hash 函数最重要的性质——抗碰撞性。所谓抗碰撞性，直观来说，就是不同的输入产生相同的 Hash 值（即产生碰撞）的概率是

科学与生活

极小的。我们用著名的"生日悖论"来解释抗碰撞性。假设教室里有 n 个人,一年有 365 天,每个人的生日都是随机分布的,考虑如下问题:一个房间里有多少人,才能使得至少两个人的生日相同的概率大于 1/2?

这是一个古典概率问题。n 个人的生日全都不相同的概率为

$$p = \frac{365}{365} \times \frac{364}{365} \times \frac{363}{365} \cdots \frac{365-n+1}{365}$$

而至少两人生日相同的概率就等于 $1-p$。通过计算,我们可以得到,只要房间里面有 23 人,其中的两人生日相同的概率就为 50%,当房间里有 60 人或更多时,这个可能性将大于 99%!

这个过程其实可以看成一个计算 Hash 函数的过程,函数的输入是一个人的身份信息,输出是他的生日。具有相同生日的两个人就是 Hash 函数的一个碰撞。找 Hash 函数碰撞的过程,类似于找到两个生日相同的人,这种攻击我们也称为"生日攻击"。通常情况下,Hash 函数的输入空间远远大于输出空间,碰撞是一定存在的!抗碰撞性,就是指即使知道碰撞存在,在有限的时间之内也无法找到。因为一年只有 365 天,所以,我们很容易找到生日相同的两个人,如果我们把生日改成出生日期,这个时间范围就扩大很多,想找到两个同年同月同日生的人比找到两个相同生日的人困难得多。

因此要做到抗碰撞性,Hash 函数的输出空间就要足够大,才能抵抗生日攻击。MD5 算法的输出是 128 比特,所有输出的可能性就是 2^{128} 种,刚好是 32 个 16 进制字符,也就是美国网络司令部徽标上的神秘字符串。

除了满足抗碰撞性之外,Hash 函数也需要满足"单向性",即从输入计算输出是容易的,但是给定一个 Hash 值,想要反推出它的输入,在有限的时间内几乎是不可能的。那么你可能要问了,既然 Hash 函数是单向的,人们是如何在短时间内从徽标上的 32 个字符倒推出那么长一段话呢?其实,这段话并不是通过对 Hash 函数本身求逆计算得出来的,而是猜出来的。首先观察到 32 个字符都是 16 进制字符,长度是 128 比特,联想到著名的 MD5 算法输出刚好是 128 比特,再结合徽标的背景知识,用那段话作为 MD5 算法的输入代入验证,得出的结果刚好与 32 个字符吻合。Hash 函数的抗碰撞性决定了几乎不可能找到另外一段有意义的输入,使得输出是相同的 32 个字符。因此我们基本可以肯定这 32 个字符的来源了。

Hash 函数的抗碰撞性和单向性,在很多领域都有着广泛的应用。我们平时使用电脑的操作系统,或者登录某个网站,需要先输入自己的用户名和并选择一个口令进行注册。后续需要系统服务时,只需要输入正确的用户名和口令,即可登录系统获得服务。那么操作系统或者服务器是如何保存用户注册时使用的用户名和口令以便后续认证呢?如果直接明文存储的话,一旦系统被攻击,攻击者获得了存储着用户名和口令的文件,就会获取所有用户的口令,这显然是极不安全的。

一个常用的方法就是使用 Hash 函数,系统或服务器并不保存完整的口令,只保存口令对应的 Hash 值。用户登录系统时,系统先计算用户输入口令的 Hash 值,如果和系统中保存的一致则允许登录;否则就拒绝访问。过程如图 1 所示。这样,即使攻击者攻击了

系统，也只能获得用户名和口令对应的 Hash 值，而由于 Hash 函数的单向性，从 Hash 值中反推得到用户口令是很困难的，因此保护了用户口令的安全性。

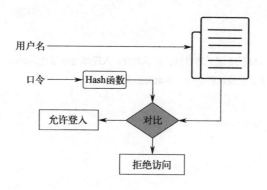

图 1　系统登录示意

当然这种保护也不是万能的，攻击者还是可以通过不断尝试一些常用口令的 Hash 值，并与得到的 Hash 值进行比对来猜测口令。通常攻击者会将常用的口令保存成一个"字典"，将"字典"中的口令逐个尝试，因此这种攻击也叫"字典攻击"。如果用户口令设置过于简单，就很容易被猜测到。因此很多系统在设置口令时，不仅要求口令的长度足够长，组成的字符也要足够多样，这样会大大增加攻击者猜测的难度。

Hash 函数除自身的消息摘要和完整性验证作用外，还是设计其他密码协议的工具。比如，在数字签名中，通常先对待签名的消息进行 Hash 运算，再对 Hash 值进行签名，不仅可以提高签名效率，也可以增加签名的安全性，现有的加密体制中，多数也会使用 Hash 函数对生成密文的合法性进行验证，以增强算法的安全性。设计良好的 Hash 函数还经常被用作随机数发生器用于各类密码协议中。

MD5 消息摘要算法，由美国密码学家罗纳德·李维斯特（Ronald Linn Rivest）设计，由 MD4、MD3、MD2 改进而来，因其普遍、稳定、快速的特点，曾被广泛应用。说到 MD5，就不得不提到我国著名的密码学家王小云教授，2004 年的美洲密码会上，来自山东大学数学系的王小云教授公布了她的研究小组关于 MD5 和 SHA-1 等著名 Hash 算法的研究成果。这些研究成果在国际密码学界引发强烈关注。著名密码学家 Adi Shamir 评论："这是近几年密码学领域最美妙的结果，我相信这将会引起轩然大波，设计新的 Hash 函数算法极其重要。"MD5 算法的设计者 Rivest 也评论道："SHA-1 的破译令人吃惊。""数字签名的安全性在降低，这再一次提醒需要替换算法。"目前，王小云教授和国内其他专家主导设计的 SM3 哈希算法，已成为我国商用密码标准。

近年来，区块链技术因其具有分布式、不可篡改、可追溯等特性，迅速成为最热的新兴技术，甚至被称为下一代互联网。简单来说，区块链就是一个分布式的账本，把所有发生的交易按照时间顺序打包成区块，再将这些区块连接起来，形成区块的链条。Hash 函数就是将这些区块链接起来的技术。上一个区块的 Hash 值会被放到下一个区块的头部，一旦某个区块的内容被修改，其 Hash 值就会与下一个区块头部的 Hash 值不一致，从而发现篡改的痕迹，而沿着链条逆流而上，就可以追溯到每一笔交易的源头。

参考资料

[1] 结城浩. 图解密码技术［M］. 3版. 周自恒，译. 北京：人民邮电出版社，2020.
[2] 贾小英. 走进密码学. 学银在线课程平台，中南民族大学，2019.

第三节

数学之美

殷红燕

首先,请问大家一个问题:提到数学,您会想到什么?相信很多人想到的都是复杂烦琐的公式、定理、计算,抽象难懂、枯燥无味。如果是这样,那么您可能还不够了解数学,现在,就带大家领略一下数学之美!

当您看到下面这些精美的图案(图1),一定以为这是美术大师的作品吧。

图1 精美的图案

不!这是数学家的杰作。数学家利用分形几何的理论通过计算机编程制作出这些美轮美奂的图形。分形几何学是一门以不规则几何形态为研究对象的几何学,它不仅展示了数学之美,也揭示了世界的本质。在下一节中,我们将详细介绍。

如果你觉得分形、编程这些太高深了,那么就只用圆形来作图吧。看!下面这些可爱的动物图标(图2)就是用简单的13个圆创作而成的,简直是数学与艺术的完美结合。

图2 可爱的动物图标

利用圆和方形设计标识更为经典的案例还有大家非常熟悉的苹果（Apple），如图 3 所示。

图 3　苹果标识

当然，数学之美并不仅是视觉上的美，更有内在美。

我们来看一个公式：$e^{i\pi}+1=0$。这个公式由瑞士的数学家欧拉于 1748 年发现，被称为欧拉恒等式。在这个简洁的公式中出现了虚数单位 i、自然对数的底 e、圆周率 π，以及最基本的两个自然数 0 和 1，数学中最重要的几个常数就以这样一种极其简单的方式联系到了一起，堪称神奇。数学界公认欧拉恒等式是最美的数学公式。高斯曾经说过："一个人第一次看到这个公式而不能感到它的魅力，他不可能成为数学家。"

数学是理性的，但数学也有浪漫之处。

提到数学的浪漫，不得不提心形线（图 4），它可以让你用公式来表达感情。心形线在英语里叫作"cardioid"，这个词来自希腊语"kardia"，意为"心"，"eidos"意为"形"。你可以想象一个圆沿着另一个与其半径相同的圆的外侧滚动，动圆上某一定点的轨迹便是心形线。当然，心形线有很多不同的定义方法，但是异曲同工。

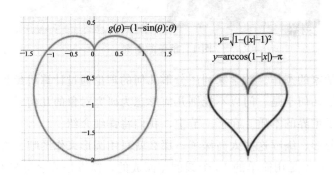

图 4　心形线

你还可以借助一盏灯和一杯咖啡，移动光源，当光源在杯子的圆周上时，杯里就会出现"一颗心"（图 5）。听起来是不是很浪漫？你可以亲自动手试一试。

数学是严谨而理性的，是美丽又浪漫的，更是有用的。现代科技中的云计算、大数据、人工智能、芯片、5G 等这些新兴技术，无不与数学有着密切的联系。我们在电脑屏幕上看到的是文本和图像，看不到的是其背后的算法和数学原理。正如著名数学家华罗庚

图 5　咖啡里的"一颗心"

先生所说:"宇宙之大,粒子之微,火箭之速,化工之巧,地球之变,生物之谜,日用之繁,无处不用数学。"

莱昂哈德·欧拉(Leonhard Euler,1707—1783),如图 6 所示,瑞士数学家,是 18 世纪数学界的中心人物。他不仅对数学界有着非凡的贡献,更是把整个数学推向物理领域,他与阿基米德、牛顿和高斯并列,是数学史上公认的四名最伟大的数学家。

图 6　莱昂哈德·欧拉

欧拉在微积分、微分方程、几何、数论、变分法等领域都作出了重大贡献,他的名字几乎出现在数学界的每一个领域。他让微积分"长大成人",他创立了微分方程这一学科,他的一系列成果奠定了数论作为数学的一个独立分支的基础……欧拉还是数学史上最多产的数学家,他从 19 岁发表论文,到 76 岁,半个多世纪写下了几百本书和很多论文,彼得堡科学院为了整理他的著作,足足忙碌了几十年。欧拉的多产离不开他顽强的毅力和孜孜不倦的治学精神,过度的工作使得他双目失明。但即使在他双目失明后的 17 年中,他依然凭着顽强的意志和超人的才智,继续坚持科学研究,由他口述,他的儿子进行记录,用这样的方法发表了几部专著和 400 篇左右的论文。1771 年彼得堡一场突如其来的大火,烧毁了他的大量研究成果,如此沉重的打击也没有使已经双目失明的欧拉倒下,他靠着恒心、毅力以及惊人的记忆力用一年的时间口述了这些论文并做了修订。欧拉就是这样凭着记忆和心算进行研究,直到逝世。欧拉的一生是奋斗的一生,他的毅力、他的精神、他的品德……都值得每一个人学习，正如法国数学家拉普拉斯所说："读读欧拉，他是所有人的老师。"

1740年，欧拉在给瑞士的另一位数学家约翰·伯努利（1667—1748）的信中写道："$y=2\cos x$ 与 $y=e^{\sqrt{-1}x}+e^{-\sqrt{-1}x}$ 都是同一个微分方程的解，因此它们应该相等。"1743年他又发表了这个结果，即：

$$\cos x=\frac{e^{\sqrt{-1}x}+e^{-\sqrt{-1}x}}{2}, \sin x=\frac{e^{\sqrt{-1}x}-e^{-\sqrt{-1}x}}{2\sqrt{-1}}$$

1777年，欧拉在递交给彼得堡科学院的论文《微分公式》中首次使用i来表示$\sqrt{-1}$，但很少有人注意它。直到1801年，德国数学家高斯（Gauss，1777—1855）系统地使用了这个符号，以后才渐渐流行，沿用至今。将上述公式中的$\sqrt{-1}$换成i，再通过简单的运算，就可以得到下面的公式：

$$e^{ix}=\cos x+i\sin x$$

这就是在数学中非常有名的欧拉公式。

欧拉公式将指数函数的定义域扩大到复数，把在实数域中几乎没有什么联系的指数函数和三角函数联系到了一起。特别是当$x=\pi$时，欧拉公式可写成：

$$e^{i\pi}+1=0$$

这便是著名的欧拉恒等式，数学界公认的最美公式。这个恒等式第一次出现于1748年欧拉在瑞士出版的著作《无穷小分析引论》中，它实际上是欧拉公式的一种特殊情形。这个公式将数学中最基本、最重要、表面上看似毫无关联的五个数绝妙地联系在一起，堪称神奇。而且这个公式不仅在数学领域应用广泛，对物理学的影响也是非常大的。因此，数学家们评价它是"上帝创造的公式，我们只能看它而不能理解它"，物理大师费曼盛也称赞这个公式为"数学最奇妙的公式"。

欧拉恒等式充分地揭示了数学的统一性、简洁性、奇异性等美学特性，被视为数学美的一个象征。

数学之美，美在何处？

一般来说，数学美的内容主要反映在简洁美、对称美、奇异美、和谐美等等。包括数学结构美、数学理论美、数学公式美、数学思想方法美、数学思维美、数学符号美等，其中都表现着数的美、式的美、形的美。法国的诗人诺瓦利曾高唱："纯数学是一门科学，也是一门艺术。"其实，无论是在艺术中还是科学中，美的形式都具有简洁、对称、秩序、规整、统一、协调等特点。只不过在数学中，这种美的形式常用抽象的数字、符号、公式、图形等形式加以表示，这使得不懂数学的人们难以去感知和欣赏。

要真正感知到数学中的美，首先要理解数学之意，了解其内容和内在形式，理解包含在其中的概念。当然，这可能需要有更高的数学素养。但是，如果我们能多多了解数学的历史、公式的由来、理论的应用，那么就可以让我们更多地感受到数学的美。

总之，数学的美是特殊的、深刻的。正如英国哲学家、数学家罗素所说："数学，如果正确地看它，不但拥有真理，而且也具有至高无上的美，是一种冷而严肃的美。这种美不是投合我们天性脆弱的方面，这种美没有绘画或者音乐那样华丽的修饰，它可以纯净到崇高的地步，能够达到只有伟大的艺术才能谱写的那种完美的境地。"

参考资料

[1] 爱德华·沙伊纳曼. 美丽的数学 [M]. 张缘, 译. 长沙：湖南科学技术出版社，2020.
[2] 孙明谔. 简明数学史（修订本）[M]. 郑州：大象出版社，1998.
[3] 莫里斯·克莱因. 古今数学思想 [M]. 上海：上海科学技术出版社，2014.

第四节

分形几何

殷红燕

在第三节中,我们欣赏到了一些精美的图案,并说到这些精美的图案是利用分形几何原理借助计算机创作出来的。那么,究竟什么是分形几何呢?

我们所熟悉的几何属于欧几里得几何,基于欧氏几何的各门自然科学总是把研究对象想象成圆形、方形、三角形等规则的形体。但现实世界是一个极其复杂的世界,不规则现象是普遍存在的。比如,蜿蜒曲折的海岸线、高低起伏的山脉、九曲回肠的河流、盘根错节的树根等等,这些形体都无法用欧氏几何来描述。于是,问题又来了,我们应该怎样处理这些不规则的形体呢?

我们先来看瑞典数学家科赫(Koch)于1904年创作的一个图形(图1)。给定一条线段,画一个等边三角形,其底为原始线段中间的三分之一部分,然后将底去掉。这样我们就得到一条由四条线段衔接而成的曲线,且每条线段的长度是原来的三分之一。再在每条线段上重复上述过程,重复,再重复,便得到科赫曲线。如果我们从一个等边三角形开始,在每一个边上都按照上述步骤操作,并不断重复这个过程以致"无穷",那么就可以得到一个像雪花一样的美丽图形,这便是科赫雪花。

科赫雪花曲线有两个显著特性:一个是具有自相似性;一个是具有分数维数。具备了这两个特性,我们可以将其命名为分形。

"分形"(fractal)一词,是数学家芒德勃罗(Benoit B. Mandelbrot,1924—2010)于1975年,在他的专著《分形对象:形、机遇和维数》中首次提出。此词源于拉丁文"fractus",意为"不规则的、分数的、支离破碎的"物体,含有英文"frature"(分裂)和"fraction"(分数)双重意义。芒德勃罗就用它来描述自然界中欧氏几何不能描述的一大类复杂不规则但是具有自相似性的几何对象。在这本专著中,芒德勃罗不仅创造了"分形"一词,还给出了分形几何的基本内容、思想和方法,这标志着分形几何的诞生。

分数维数和自相似性是分形几何中最重要的两个性质,这里我们主要介绍一下自相似性。所谓自相似,就是指物体的部分和整体在空间结构和形态上存在某种相似性。具有自相似性的几何形状由大量不规则曲线构成,但在任意小的尺度上都有着精细的结构,如果

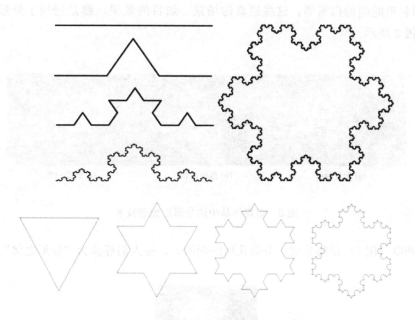

图 1　科赫曲线

将其分为不同部分，无论大小，每一部分的形状都和整体几乎一样。如图 2 所示，一棵参天大树，大树与树上的树枝，在形状上几乎没有区别；罗马椰菜花的表面由许多螺旋形的小花组成，每一朵花无论大小，形状都极其相似；鹦鹉螺是自然界里最著名的分形代表。这种自相似的图形在自然界中比比皆是，因此，分形几何也被称为大自然的几何学。当然，自然界中的自相似性不是那么严格，我们可称其为无规分形，而科赫曲线具有严格的自相似性，我们可称为有规分形。

(a) 大树　　　　　　(b) 罗马椰菜花　　　　　　(c) 鹦鹉螺

图 2　自然界中的自相似性

分形几何是一门新兴学科，它的历史还不到 50 年，但是它已经成为一个重要的数学分支，在现代数学中起着重要的作用，是现代非线性理论的三大研究课题之一（另两个课题是混沌和孤立子）。分形几何应用广泛，几乎遍及了数学、物理、化学、天文、测量、生物、医学、经济、艺术等自然科学和社会科学的所有领域。

特别是近年来基于分形几何理论的分形艺术被较多地应用于影视作品中，给电影艺术带来了更多的创造潜能。电影《虫虫危机》中大片的绿叶，《海底总动员》里海底的植物，

《冰雪奇缘》里皑皑的白雪等，这些逼真的场景、炫目的效果，都是运用了分形的思想和技术。如图 3 所示。

(a) 大片绿叶　　　　(b) 海底植物　　　　(c) 皑皑白雪

图 3　影视作品中的分形思想和技术

芒德勃罗（图 4）是科学家、分形几何的创始人，被人们尊称为"分形之父"。

图 4　芒德勃罗

芒德勃罗出生于波兰华沙，他的父亲是一名服装商人，母亲是一位牙科医生。芒德勃罗对数学的兴趣主要是受他的叔叔的影响。由于战乱和时局的动荡，芒德勃罗的学业时断时续，受到的教育也不是非常正规，他更多的靠的是自学。也许正是非传统的教育，使他不是按照习惯的标准的方式进行思考，再加上他非凡的几何直觉和想象力，才有了后来的成就。

1945 年，芒德勃罗考取了著名的巴黎综合理工学院，师从于概率论大师保罗·莱维（Paul Levy）。1947 年，芒德勃罗从巴黎综合理工学院毕业来到美国。1949 年，他获得美国加州理工学院的航空学硕士学位。1952 年，获得巴黎大学博士学位。之后，芒德勃罗的工作经历非常丰富，研究领域也非常广泛。他在美国普林斯顿高等研究院工作了一年，随后又分别担任过日内瓦大学、法国里尔大学、法国巴黎高等技术学院的数学讲师。1958 年，他进入了 IBM 公司的沃森研究中心，在那里担任研究员长达 35 年之久，并成为了荣誉研究员。芒德勃罗还在哈佛大学教过经济学，在耶鲁大学教过工程学，在爱因斯坦医学院教过生理学。他的研究领域包括数学、经济学、语言学、物理学、生理学、计算机、信息与通信、哲学、艺术等似乎毫不相关的学科，是位名副其实的博学家。1999 年，芒德勃罗在耶鲁大学获得了第一个终身教职，此时他已经 75 岁。芒德勃罗的经历和学术生涯可以说是史无前例的，所以他并不是传统意义上的数学家。

1967 年，芒德勃罗在国际著名的权威期刊《科学》上发表了一篇名为"英国的海岸线有多长"的论文，这篇不到 3 页的文章论述了分形几何最核心的两大主题——分数维数和自相似性，分形的概念就从这里萌芽。这篇论文在分形几何发展史上具有划时代的意义。1973 年，芒德勃罗在法兰西科学院讲学期间，提出了分维和分形几何学的整体思想，并指出分形几何学将是研究很多自然现象的有力工具。1975 年，芒德勃罗用法文出版了分形几何学的第一本专著《分形对象：形、机遇和维数》，首次提出"分形"一词。1977 年，此书的英译本出版，使分形的思想传播得更广。但此书只是分形的几何的一个雏形，还不够系统全面，所以影响力并不大。

1979 年，芒德勃罗在哈佛大学作为访问学者的期间，首次利用计算机画出了朱利亚集合的图形（图 5）。在研究朱利亚集合的拓扑结构是怎样依赖于复参数的同时，他还提出了后来以他的名字命名的芒德勃罗集合。

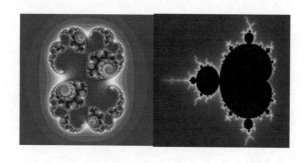

图 5　朱利亚集合的图形

1982 年，芒德勃罗通过对前两本分形专著的增补和修订，出版了关于分形的经典著作《大自然的分形几何学》。这本书对分形几何理论进行了系统而全面的介绍，从分形的角度分析了大自然的诸多现象，将他对宇宙所知和所怀疑的一切都罗列出来。此书一经出版，就引起了众多科学家的广泛关注，出现了 20 世纪 80 年代的"分形热"。

分形理论不仅是一门科学，还是一门艺术，他让人们感悟到科学与艺术的统一。分形几何既有深刻的理论意义，又有广泛的应用价值。这门新兴的学科还有很多新的和尚未解决的问题，等待我们去进一步探索。

芒德勃罗为什么能够创立一门新兴的学科——分形几何呢？

这与他独特的思维不无关系。芒德勃罗非常喜欢几何，还很关心数学史和物理学史。一般研究人员通常都是找最新的学术期刊来阅读，而他却喜欢专门找些似乎是过时的、没人看的期刊。他还特别关注一些非主流的思想，尤其是像康托尔三分集合、魏尔思特拉斯函数、科赫曲线、谢尔宾斯基三角形等等。长期的观察、思考、研究，使芒德勃罗觉得除了光滑的欧氏几何之外，应该还有一种更适合描述大自然本来面目的新的几何。

除了思维独特，他的创新自然也离不开扎实的基本数理功底。如果没有好的数学分析基础，怎么会注意到那些古怪的案例？如果没有相当深的概率论学造诣，怎么会对莱维的非高斯分布有强烈的印象？只有对已有的原理有深刻领悟，才能发现问题并有能力去解决。所以，要取得重大科学突破，打好基本功是前提条件。芒德勃罗的创新之路并不平坦，他大部分时候是生活、工作在逆境中。他曾经不被他所涉及的领域所接受，他曾经发表每一篇论文都十分艰难。但是，他信念坚定。他在多种学科"流浪"了二十余年，终于得到学术界的广泛承认，并获得了多种荣誉和奖励。芒德勃罗不平凡的一生值得我们去思考。

参考资料

[1] 朱华，姬翠翠. 分形理论及其应用 [M]. 北京：科学出版社，2011.
[2] 刘华杰. 分形之父芒德勃罗 [J]. 自然辩证法通讯，1998，4：54-64.

第五节

Mann-Whitney-Wilcoxon 秩和检验

汪政红

在日常生活或者科学研究中，最常见的行为就是对两个组进行比较，例如投入大量的广告费用后销售额是否发生显著提高？接受新药治疗的患者是否较使用某种现有药物的患者表现出了更大程度的改善？解决这类问题除了通过画图和计算描述性统计量等直观比较差异以外，我们通常采用 t 检验来进行统计推断，从当前的样本信息判断出它们所代表的总体的信息。我们以下面的例子开始分析。

为了比较两家减肥机构的减肥效果，记者随机调查了 22 位顾客的减重数据，其中的 12 位顾客来自机构 1，另外 10 名来自机构 2，数据见表 1。

表 1　减重数据　　　　　　　　　　　　　　　单位：kg

机构1	11	12	13	14	15	16	17	18	19	20	40	60
机构2	3	4	5	6	7	8	9	10	30	50		

首先可通过图形化和计算描述性统计量的方式将两组间的差异可视化，见图 1 和表 2，经验告诉我们机构 1 的减重效果好于机构 2。接着我们采用常规的 t 检验，零假设为 H_0：两家减肥机构的平均减重效果无差异，利用 SPSS 软件，得检验结果，见表 3。

表 2　描述性统计分析

项目	个案数	平均值	中位数	标准差	最小值	最大值	范围	偏度	峰度
机构1	12	21.2500	16.5000	14.35349	11.00	60.00	49.00	2.267	4.902
机构2	10	13.2000	7.5000	15.04659	3.00	50.00	47.00	2.093	3.927
总计	22	17.5909	13.5000	14.89218	3.00	60.00	57.00	1.753	2.668

表 3 显示：首先对两组样本数据来自总体的方差齐性进行检验，p 值 $=0.769>0.05$，因而判定两组总体的方差相等，于是采用合并方差的 t 统计量进行检验，参看"假定等方差"这一行的 t 检验结果，$t(\text{df}=20)=1.282$，p 值 $=0.215>0.05$，因此在显著性水平 $\alpha=0.05$ 下，无法拒绝 H_0，即认为两家减肥机构的减肥效果无显著性差异。这个 t 检验

的结论显然和数据不相吻合,那问题出在哪儿呢?有没有解决方案呢?

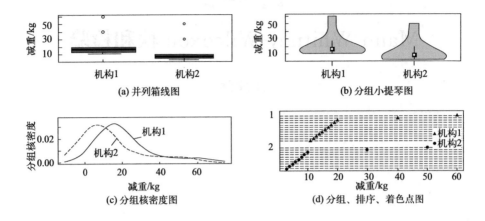

图 1 两组组间差异可视化

表 3 独立样本检验

项目		Leven 方差齐性检验		平均值等同性 t 检验				
		F	显著性	t	自由度	显著性(双尾)	平均值差值	标准误差差值
y	假定等方差	0.069	0.796	1.282	20	0.215	8.05000	6.28108
	不假定等方差			1.276	18.922	0.217	8.05000	6.30940

t 检验是一种常见的参数统计方法,用于检验两个独立的正态总体的均值相等的假设,结果之所以有问题,就是因为 t 检验默认假设两组数据服从正态分布。然而事实上,由于两组样本中都存在极端值,分布呈现不对称、右拖尾形态,这一点从图 1 中的并列箱线图和分组核密度曲线均可看出,采用两种正态性检验方法,结果(见表 4)也显示两组样本均不满足正态性,所以在正态性不满足的前提下使用参数数据分析方法是不恰当的。

表 4 正态性检验

项目		柯尔莫戈洛夫-斯米诺夫			夏皮洛-威尔克		
		统计	自由度	显著性	统计	自由度	显著性
y	机构 1	0.368	12	0.000	0.667	12	0.000
	机构 2	0.384	10	0.000	0.672	10	0.000

历史上第一解决这个问题的人是化学家 Wilcoxon,20 世纪 40 年代,Wilcoxon 是美国氰胺公司的一个化学家,使用当时的标准方法即 t 检验和 Fisher 的方差分析进行假设检验,比较不同疗法的效应。他发现由于"极端值"或样本太大太小的影响,结果产生了异常,同时他坚持一个统计理念:科学研究或测量得到的所有观测具有同等效力,不能为了得到一个好的分析结果而去挑选看上去正确的数据,人为地删除"异常值"。因此他试

图找到一种新的方法分析实验数据,降低"异常值"对结果的影响。Wilcoxon 首先尝试搜索相关文献,没有找到;然后他按照自己的想法进行基于排列组合的计算,写了一篇论文,并投稿到 *Biometrics* 期刊,审稿人判断这是原创性工作,论文于 1945 年发表。他的主要思想是将两组样本混合后取秩,分别求两组样本的秩和,基于秩进行统计推断。

1947 年,经济学家 Henry B. Mann 和统计学研究生 Whitney 发表了一篇论文,论文中提出了一种排序法,基本思想是将两组样本的所有观测值一一作比较,以 Y 中观测值大于 X 中观测值的个数为检验统计量,涉及一系列简单但冗长的计数方法计算概率,从而确认了 1940 年的工资分布比 1944 年的工资分布低。很快人们发现 Wilcoxon 检验与 Mann-Whitney 检验关系密切,并证明了二者的等价性。这种检验的特点是没有对任何总体参数进行估计,这是一种非参数检验! Wilcoxon 的开创性工作创立了一个新的学科分支——非参数统计! 后人用这三位作者的姓氏将这一方法命名为 Mann-Whitney-Wilcoxon 秩和检验,简记为 M-W-W 秩和检验。

下面我们结合本文的案例讨论一下 M-W-W 秩和检验的基本原理和步骤。如果 H_0 (两组数据 X 和 Y 无差异)为真,将 m 个 X、n 个 Y 的样本数据混合,这 $m+n=N$ 个观察值,可以看作来自于共同总体的一个单一的随机样本,然后将它们从小到大排序,如果大部分的 Y 样本大于 X 样本,或大部分的 X 大于 Y,将不能证实这个序列是一个随机的混合,故拒绝 X、Y 来自一个相同总体的零假设。步骤如下:

① 将机构 1 和 2 的样本数据混合起来,并把这 22=12+10 个数据按照从小到大排列起来,这样每一个观测值在混合样本中都有自己的秩,如表 5 所示。

表 5 样品数据混合并排列

机构 1	11	12	13	14	15	16	17	18	19	20	40	60
秩	9	10	11	12	13	14	15	16	17	18	20	22
机构 2	3	4	5	6	7	8	9	10	30	50		
秩	1	2	3	4	5	6	7	8	19	21		

② 分别求得机构 1 和机构 2 中样本的秩和(Wilcoxon 秩和统计量):

$$W_1 = 9 + 10 + \cdots + 22 = 177$$
$$W_2 = 1 + 2 + \cdots + 21 = 76$$

机构 1 的秩和比机构 2 的秩和大很多,说明机构 1 的数据应该大于机构 2 的。但机构 1 的样本量多于机构 2,和较大也属正常现象,具体 p 值要通过排列组合来计算。

Mann-Whitney 的想法与之类似,但略有不同,对机构 1 的每一个数据,计算在机构 2 中,有多少样本比它大,即对 $i=1,2,\cdots,12$,分别计算 $r_i = \#\{X_i < Y_j, j=1,2,\cdots,10\}$,从而计算检验统计量(Mann-Whitney U 统计量):

$$W_{XY} = \#\{X_i < Y_j, i=1,2,\cdots,12, j=1,2,\cdots,10\} = \sum r_i$$

本例中 $W_{12}=21$,$W_{21}=99$,W_{12} 比较小时同样说明机构 1 的样本小于机构 2 的样本的次数比较少,因而机构 1 的减重数据大部分大于机构 2 的减重数据。

③ 根据排列组合的性质导出统计量的概率分布律,例如参照 Wilcoxon 在 1945 年发

表的论文中的方法，机构 1 和机构 2 的混合样本共 22 个点，将秩 $1,2,\cdots,22$ 随机分成两个组（22＝12＋10），共有 $646646=\binom{22}{10}$ 种可能的次序组合，每种不同的组合下计算对应的 W_1、W_2、W_{12}、W_{21}，从而获得 Wilcoxon 秩和统计量 $W_1(W_2)$ 和 Mann-Whitney U 统计量 $W_{12}(W_{21})$ 的概率分布律，从而计算得到当前抽样结果发生的精确 p 值。

这一计算过程在当时无疑是烦琐而冗长的，在大样本时可直接利用中心极限定理采用正态分布进行近似计算，得到近似 p 值。现如今，我们可以借助统计软件轻松获得 Wilcoxon 秩和统计量的 p 值，或者直接输入数据，完成 M-W-W 秩和检验。本例中，精确 p 值＝0.008957，近似 p 值＝0.010123。

④ 统计决策。对任意取值大于 0.011 的显著性水平 α，均可拒绝 H_0，即认为机构 1 和机构 2 的减肥效果存在显著的差异。

题目做完了，我们再接着说化学家 Wilcoxon（图 2）的故事。虽然他不是第一个提出非参数方法的人，但直到他在这个领域的工作得到发表时，这种极具革命性的非参数方法才得到人们的充分理解和关注，并从不同角度以不同方式进行探索。Wilcoxon 的方法逐渐发展为非参数统计中极其重要的"秩方法"，像一把万能钥匙，可以应用到各种问题当中，Mann-Whitney 的方法也被发展成为"U 统计量法"，成为解决一系列问题的非参数方法。到了 20 世纪 60 年代早期，这种"无分布检验"成为研究热点。

图 2　Wilcoxon

"无分布检验"成为研究热点的另一个原因是 Pitman 在 1948 年解决了关于非参数方法与之前使用的参数方法之间的联系即非参数检验的功效问题。他的发现震惊了所有人，当数据拥有已知的参数分布，如正态分布，非参数检验具有与参数检验几乎相同的表现（渐进相对效率为 95%）；当数据不是特别符合参数模型，只要数据稍微偏离参数模型一点点，非参数检验就会获得更加优越的效力。

Wilcoxon 对 t 检验的渐进相对效率如表 6 所示。

表 6　Wilcoxon 对 t 检验的渐进相对效率（ARE）

ε	0	0.01	0.03	0.05	0.08	0.1	0.15
ARE(W^+,t)	0.955	1.009	1.108	1.196	1.301	1.373	1.497

注：部分污染的总体 $F_\varepsilon(x)=(1-\varepsilon)\Phi(x)+\varepsilon\Phi(x/3)$，$\Phi(x)$ 代表标准正态分布，ε 代表比例为 ε 的污染。

Wilcoxon 在对其统计发现的意义进行探索时，逐渐离开了自己原来的化学领域，转行进入统计领域，1960 年开始进入佛罗里达州立大学统计系，担任统计教员，成为一名受人尊重的教师和研究人员，培养了多名博士研究生，直至 1965 年去世。在他去世后，他带出来的学生和他的统计创新仍然在该领域发挥着重要作用。

大数据时代，非参数统计方法在高维数据建模、机器学习、人工智能、生物统计等领域发挥着重要作用，2000 年时，年仅 38 岁的美籍华人范剑青（图 3）凭借首创的"非参数建模"获得 COPSS 总统奖，该奖为国际统计学领域最高奖项之一。

图 3　范剑青

参考资料

[1]　Kabacoff R I. R 语言实战 [M]. 2 版. 王小宁、刘撷芯、黄俊文, 译. 北京：人民邮电出版社, 2016.
[2]　Salsburg D. 女士品茶：20 世纪统计怎么变革了科学 [M]. 刘清山, 译. 南昌：江西人民出版社, 2016.
[3]　Wilcoxon F. Individual comparisons by ranking methods [J]. Biometrics Bulletin, 1945, 1 (6): 80-83.
[4]　吴喜之, 赵博娟. 非参数统计 [M]. 5 版. 北京：中国统计出版社. 2019.

第六节

组间差异分析

汪政红

什么是组间差异分析？就是比较两组或多组样本数据之间的差异，例如比较投放广告前后的销售数据，分析广告费的投入是否增加了销售额，再如比较不同地区或不同企业的收入数据，从而指导就业去向等。我们可以计算各组的描述性统计量如均值、方差等进行比较，或者绘制分组箱线图、核密度图等直观展示组间差异，但是，使用统计量或者图形方式所得结论只是对当前抽样数据成立，如果我们想要推测当前样本所代表的总体的信息时，即比较样本来自的不同总体之间的差异时，描述性统计是不够的，我们需要使用假设检验。

假设检验作为统计推断的基本形式，已发展成相当完善的理论体系，广泛应用于实际生活。假设检验的基本逻辑是首先设定两个对立的假设，零假设 H_0 和备择假设 H_1，然后构造检验统计量，使用概率反证法来判定 H_0 是否成立，即假设 H_0 为真，利用抽样分布计算抽到当前样本甚至更极端样本的事件发生的概率，记为 p 值，若 p 值小于指定的显著性水平 α，则拒绝 H_0，认为检验显著，否则不拒绝 H_0，认为检验不显著，因此假设检验也称为显著性检验。关于组间差异的显著性检验，都基于同一个原假设，即 H_0 组间没有差异，然后利用样本信息判断假设是否成立。组间分析的常见思路如图1所示。

本文所涉及的组间设计是指各组相互独立，组别互斥，研究对象只能存在于一组，不能分属于不同组别。例如我们想比较我国东部、西部和中部各省市的人民生活水平是否存在显著差异，选取的指标为2019年的各省市居民可支配收入，见表1。

表 1　2019 年我国东、西、中部地区的居民可支配收入表

东部(X)	居民可支配收入/元	西部(Y)	居民可支配收入/元	中部(Z)	居民可支配收入/元
北京市	67756	内蒙古自治区	30555	山西省	23828
天津市	42404	广西壮族自治区	23328	吉林省	24563
河北省	25665	重庆市	28920	黑龙江省	24254

续表

东部(X)	居民可支配收入/元	西部(Y)	居民可支配收入/元	中部(Z)	居民可支配收入/元
辽宁省	31820	四川省	24703	安徽省	26415
上海市	69442	贵州省	20397	江西省	26262
江苏省	41400	云南省	22082	河南省	23903
浙江省	49899	西藏自治区	19501	湖北省	28319
福建省	35616	陕西省	24666	湖南省	27680
山东省	31597	甘肃省	19139		
广东省	39014	青海省	22618		
海南省	26679	宁夏回族自治区	24412		
		新疆维吾尔自治区	23103		

数据来源：国家统计局网站。

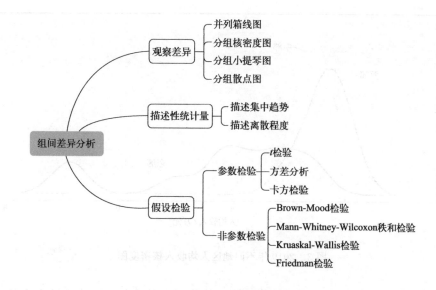

图 1　组间差异分析思路

这是三个独立样本的比较问题，首先可以通过绘图的方式直观观察各组间的差异。图 2 是三组样本各自的箱线图，盒子中间粗实线，代表数据的中位数，盒子的上方和下方线，分别为上四分位线（Q_1）和下四分位线（Q_3），盒子中包含 50% 的数据。东部地区省市的人均收入中位数高于西部和中部省市，内部差异大于中部和西部省市，中部和西部省市人均收入较为接近，波动程度亦接近，东部和西部地区存在人均收入偏高的极端省份。

图 3 为三个地区的人均收入的核密度曲线，核密度估计是用于估计随机变量概率密度函数的一种非参数方法，基于数据的一种统计模型，是用来观测连续型变量分布的有效方法。图 3 显示中部和西部地区的人均收入呈现单峰、右偏，即大部分省份的人均收入集中在中位数左右，波动幅度较小，个别省份人均收入偏高，东部地区各省市人均收入呈现多峰、较为分散的形态，明显不服从正态分布。

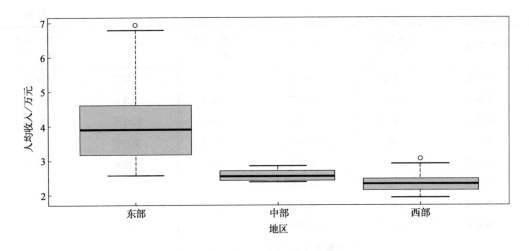

图 2　2019 年各地区人均收入箱线图

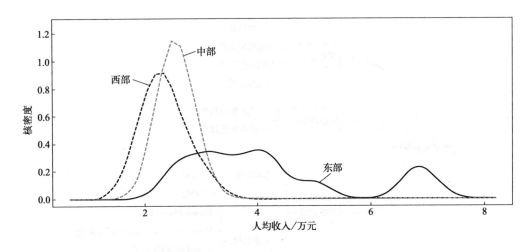

图 3　2019 年不同地区人均收入核密度图

图 4 的小提琴图是核密度图以镜像方式在箱线图上的叠加，图中心的白点是中位数，黑色盒形的范围是下四分位点到上四分位点，细黑线表示须，外部形状即为核密度估计。

图 5 的点图，用不同的符号在同一个水平轴上展示不同分组数据的大小，简单明了。图 5 显示，东部地区里，北京市和上海市的人均收入遥遥领先，海南省和河北省的人均收入落后于其他东部省市，相当于中部地区的前 50％ 位置。西部地区的内蒙古自治区和重庆市人均收入高于其他西部省市，甚至高于中部地区人均收入前二的湖北省、湖南省。

除了直观展示，我们还可以计算描述性统计量，对数据进行基本统计分析，计算表示集中趋势的平均值、中位数等，表示离散程度的最小值、最大值、标准差等，表示对称性的偏度系数、峰度系数等，见表 2。从集中趋势看，东部地区的人均收入平均值、中位数远高于中部、西部地区，中部地区略高于西部地区，三个地区平均值都高于中位数，说明三个地区的数据都呈现不同程度的右偏，从偏度系数的大小可以看出，东部地区右偏最多，其次是西部地区，中部地区对称性最好，与标准正态分布的峰度相比，东部最为接

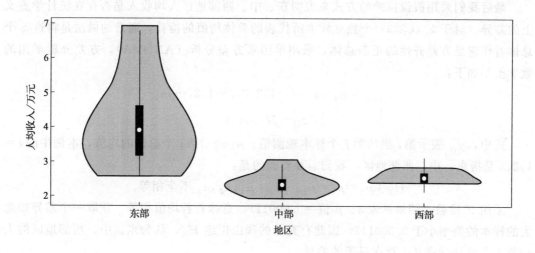

图 4　2019 年各地区人均收入小提琴图

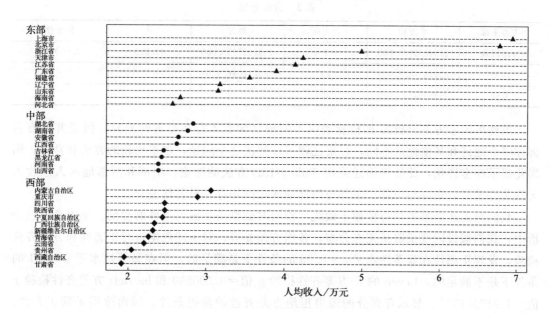

图 5　2019 年各地区人均收入分组、排序、着色后的点图

近,中部为平峰分布,西部为尖峰分布,这似乎与核密度曲线图显示的结果不太相符,这是受到样本容量较小的影响。

表 2　分组描述性统计量

项目	个案数	平均值	中位数	最小值	最大值	标准差	偏度	峰度
东部	11	41935.6364	39014.0000	25665.00	69442.00	14974.64014	1.028	0.095
中部	8	25653.0000	25412.5000	23828.00	28319.00	1760.93465	0.435	−1.563
西部	12	23618.6667	23215.5000	19139.00	30555.00	3440.84721	0.770	0.365
总计	31	30643.2258	26262.0000	19139.00	69442.00	12367.15318	2.112	4.354

最后我们采用假设检验的方式来说明东、中、西部地区人均收入是否存在统计学意义上的差异。对于 k ($k \geq 3$) 个独立样本所代表的总体均值的检验，通常的做法是将这 k 个总体看作满足方差齐性的正态总体，采用单因素方差分析（ANOVA），方差分析采用的数学模型如下：

$$\begin{cases} y_{ij} = \mu_i + \varepsilon_{ij}, i=1,2,3, j=1,2,\cdots,n_i \\ \varepsilon_{ij} \sim N(0, \sigma^2) \end{cases}$$

式中，y_{ij} 表示第 i 组的第 j 个样本观测值；μ_i 表示第 i 个总体的均值，本例中的 $i=1,2,3$ 是指东、中、西部地区，我们需要检验的是：

$$H_0: \mu_1 = \mu_2 = \mu_3 \quad H_1: \mu_1, \mu_2, \mu_3 \text{ 不全相等}。$$

采用 F 检验，结果见表 3。p 值 $=0.000111$，意味着若均值相等，获取一个差异如此大的样本的概率小于 0.000111，因此有充分的理由拒绝 H_0，认为东、中、西部地区的人均收入在统计学意义上存在显著的差异。

表 3 方差分析

方差来源	平方和	自由度	均方	F	显著性
分组因素	2194055900.000	2	1097027950.000	12.829	0.000111
误差	2394338435.000	28	85512086.970		
总计	4588394335.000	30			

虽然单因素方差分析的 F 检验表明不同地区的收入存在显著性差异，但是并没有告诉你哪个地区和其他地区不同，多重比较可以解决这个问题，多重比较的方法非常多，图形化展示亦多样化，此处仅简述采用 TukeyHSD 方法的结论：中部和西部地区人均收入无显著性差异，东部与中部、东部与西部地区之间均存在显著性差异。

我们对上述结果的信心依赖于做统计检验时数据满足假设条件的程度。单因素方差分析中，我们假设因变量服从正态分布，各组方差相等，对上述数据进行正态性和方差齐性检验，发现正态性在显著性水平 $\alpha=0.05$ 的条件下是满足的，但在显著性水平 $\alpha=0.1$ 的条件下是不满足的，Leven 的 F 方差齐性检验 p 值 $=0.000899$ 和 bartlett 方差齐性检验 p 值 $=4.917 \times 10^{-8}$，显示有充分的理由拒绝方差齐性的前提条件。因而改用无须正态性、方差齐性条件的非参数检验方法更合适，针对独立样本推荐采用 Kruskal-Wallis 检验，简记为 K-W 检验（表 4）。

表 4 K-W 检验

地区	统计	自由度	显著性
东部	0.871	11	0.079
中部	0.886	8	0.217
西部	0.925	12	0.329

K-W 检验用来检验两个以上样本是否来自同一个概率分布，是 Wilcoxon 秩检验的推广。针对零假设 H_0，k 组样本无差异，首先将 k 组样本合并，然后按样本值从低到高排序，用秩 R_{ij} 代替原始数据 x_{ij}，构造如下检验统计量（N 为总的样本容量，R_i 为第 i 组

样本的秩和）：

$$H=\frac{12}{N(N+1)}\sum n_i(\overline{R}_i-\overline{R})^2=\frac{12}{N(N+1)}\sum \frac{R_i^2}{n_i}-3(N+1)$$

当数据存在打结现象时，可以使用修正的统计量（τ_i 为结的统计量，g 为结的个数）：

$$H_C=\frac{H}{1-\sum_{i=1}^{g}(\tau_i^3-\tau_i)/(N^3-N)}$$

对于固定的 $n_1,n_2,\cdots,n_k$，共有 $M=N!/\Pi n_i!$ 种方式把 N 个秩分配到 k 个组中。在零假设下，每一种秩分配结果发生概率相等，计算相应的 H 值，并排序，可以得到 H 的精确概率分布律，软件可计算相应的精确检验 p 值，当 N 较大时，精确 p 值难以计算时，可以利用 H 及 H_C 近似服从自由度为 $k-1$ 的 χ^2 分布计算近似 p 值；最后根据 p 值作出拒绝 H_0 或者不拒绝 H_0 的统计决策。

对表 1 中的样本数据，我们采用 K-W 检验，得到 $H=18.379$，近似 p 值 $=0.0001021$，因此在显著性水平 $\alpha=0.001$ 下，可以拒绝 H_0，认为我国东、中、西部地区的人均收入存在显著差异。这一结果看起来与单因素方差分析的结果区别不大，但显然 K-W 检验的结果更适合本例，结论更可信。两种方法均是用于 k 个独立样本的组间差异分析的假设检验，现将各自特点小结如下。

单因素方差分析：参数检验，基于原始数据，要求数据满足正态性、方差齐性，易受极端值影响，适用于定距尺度数据。

K-W 检验：非参数检验，基于秩，无须正态性、方差齐性条件，不受极端值影响，适用于定距、定序尺度数据。

本文讨论了 k（$k\geqslant 3$）个独立样本组间差异分析的统计方法，且关注的变量类型为连续型数据，单因素方差分析和 K-W 检验只是其中两种而已，解决类似问题的方法还有很多，读者一定要根据自己的研究目的和数据特点选择适合的方法。因为统计是研究推断的科学，只有更好，没有最好。

参考文献

[1] Kabacoff R I. R 语言实战 [M]. 2 版. 王小宁、刘撷芯、黄俊文，译. 北京：人民邮电出版社，2016.
[2] 吴喜之，赵博娟. 非参数统计 [M]. 5 版. 北京：中国统计出版社. 2019.

第七章

医学与药学

第一节

被降服的有毒中药

孙　焕

马钱子，过量服用可引起强直性惊厥反复发作，造成衰竭与窒息。然而，马钱子在医学上应用千年而不衰，《医学衷中参西录》赞其"开通经络，透达关节之力，远胜于它药"，靠的是其在砂烫等炮制过程中的结构转化。加热可使醚键断裂，生成毒性更小、活性更强的异士的宁、异马钱子碱及其氮氧化物（图1）。

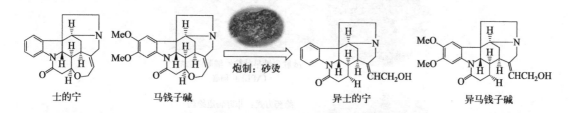

图1　马钱子炮制过程中的结构转化

由此可见，只要经过科学、严格的炮制、配伍、控制用量，并找准适应病证，有毒性的中药也能治病救人。

下面再向大家介绍几种中药界赫赫有名的药物。

乌头，毛茛科植物，主根入药以后叫乌头，侧根叫附子。乌头和附子中所含的双酯型生物碱有剧毒，少量的乌头就可以让一个成年人顷刻毙命。既然乌头属大毒之物，为什么古人还经常用它来抢救危重病人呢，真是为了"以毒攻毒"吗？原来，古人在使用乌头时对炮制方法很有讲究，要求长时间的煎煮，方能使用。长时间煎煮可使酯键水解，第一个酯键断裂后，它的毒性变为原来的1/200，如果第二个酯键也断裂了，毒性变为原来的1/2000，但治疗功效却被保留了下来。即使在现代，乌头在恶性肿瘤、白血病等疾病的治疗中仍有其用武之地。说到这里我们不得不感叹古人的用药智慧。乌头炮制过程中的结构转化如图2所示。

善用、巧用有毒性的中草药，有时也能起到化腐朽为神奇的效果。砒霜，我国古代赫

图 2　乌头炮制过程中的结构转化

赫有名的毒药之一；雄黄，神话故事中让白娘子现形之物。它们都是砷化物，属剧毒或大毒之物，使人闻风丧胆，避而远之。但哈尔滨医科大学张亭栋教授发现砷制剂是战胜急性早幼粒性细胞白血病（APL）的利器。砷制剂可以诱导早幼粒细胞分化，促进癌细胞凋亡。此外，通过肌内注射、静脉注射等给药方式可减少其胃肠道毒性。通过采用砷疗法可使 APL 患者的五年无病生存率从 25% 提高至 95%，已成为全球治疗 APL 的标准药物之一。如图 3 所示。

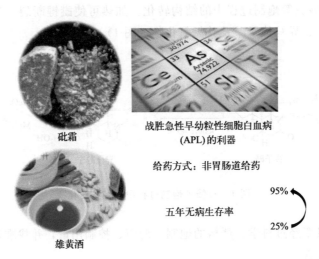

图 3　砷疗法治疗急性早幼粒性细胞白血病

大家不难发现，事物皆有其两面性，当我们以传承、创新的科学态度重新审视中医药文化，不断汲取前人的智慧，便能将这些所谓的毒药为我们所用。

参考资料

[1] 邵晖. 毒药本草 [M]. 北京：中国医药科技出版社，2004.
[2] 朱照静，谈利红，杨军宣. 毒性中药学 [M]. 北京：科学出版社，2021.

第二节

基因检测

刘庆培

2013年，好莱坞著名女星安吉丽娜·朱莉通过基因检测确认自己未来罹患乳腺癌和卵巢癌的概率分别为87%和50%，为降低患癌风险，她选择进行预防性手术，把自己的患癌风险降低至5%。

1. 什么是基因检测

基因检测是通过血液、其他体液或细胞组织对其所含的DNA信息进行检测的技术，即采集被检测者的口腔黏膜或其他组织细胞，扩增其基因信息后，通过特定设备进行检测，分析其所含有的各种基因情况，从而使被检测者能了解自己的基因信息，预知身体患疾病的风险，从而通过改变自己的生活环境和生活习惯，避免或延缓疾病的发生。

基因检测的范围是非常广的，大致可分为身体特质、遗传特质、疾病风险和用药分析四个方面。

① 身体特质。日常生活中主要包括皮肤护理、运动减肥、饮食营养和心理人格等，基因检测能够提供健康风险管理。

② 遗传特质。部分身体特质受基因的影响，比如腋臭、招蚊子的程度、衰老程度等，还有睡眠节奏、技能水平和感官刺激等。基因检测可以解析个体特征，指导我们的生活方式。

③ 疾病风险。通过基因检测可预知患家族性遗传疾病或其他潜在疾病的风险，从而进行预防。

④ 用药分析。由于个体遗传差异，不同的人对药物会产生不同的反应，基因检测可通过对药物反应相关基因的测定，协助指导个体化用药。

基因检测的应用领域如图1所示。

为更好地理解基因检测技术的原理，先来了解一下什么是基因。基因是一段具有遗传效应的DNA片段，它是由A、T、C、G四种碱基按照不同的顺序排列出的一条密码链，我们可以看成由四个不同的字母经过复杂的排列而写成的一本厚厚的书，这本书决定着

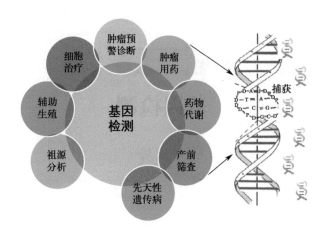

图 1 基因检测的应用领域

人体各种各样的性状，比如外貌长相等。那么，基因检测就是检测这四个字母（即碱基）是怎么排列的。人类基因组上有 30 亿对碱基，做基因检测时，是否需要全部测一遍呢？其实没有必要，因为人与人之间，作为同一个物种的不同个体，碱基的排列顺序基本是一样的。因此，做基因检测最重要的是检测在基因中，有哪些序列和其他人不同，也就是单核苷酸多态性（single nucleotide polymorphisms，SNP）。人体内控制和决定性状的约有 60 万个 SNP 位点，所以我们平常花几百块钱做的基因检测，检测的就是这 60 万个 SNP 位点上的碱基种类。

基因检测示意及 SNP 位点如图 2 所示。

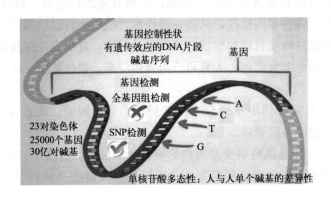

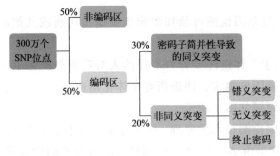

图 2 基因检测示意及 SNP 位点

2. 基因检测的流程

基因检测流程一般是：临床接诊（临床信息收集，拟定检测方案）→样本采集处理与检测（唾液、血液或细胞组织，基因测序）→数据分析流程（测序序列比对，变异检测及数据解读）→检测报告解读和遗传咨询等。检测周期根据项目为 3 天到 20 天不等。

基因检测公司具体是怎样操作的呢？你只需提供 2mL 唾液样本（或其他待检样本），公司对 DNA 进行分离提取，然后依据高通量测序技术进行 SNP 位点的测序。除此之外，还要做一件非常重要的事情，就是基于很多个体 SNP 位点的碱基种类以及对应个体所具有的性状建立一个庞大的数据库，然后进行大数据挖掘与分析，对基因检测报告进行解读。

基因检测的产业链划分如图 3 所示。

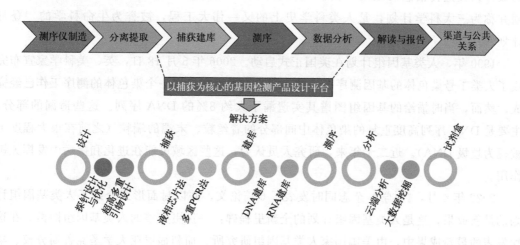

图 3　基因检测的产业链划分

3. 科学看待基因检测

基因记录着有关我们身体的一切秘密，所以如果可以正确地检测和解读基因信息，无疑能够帮助我们及早发现健康问题——疾病易感基因，就可以采取积极有效的方法，主动、有针对性地进行干预，包括通过根据自己的遗传特质调整营养结构、改变生活方式和生活习惯等，避开可能引爆"地雷"的条件，从而预防疾病的发生。但目前基因检测市场还不够规范，大多都还没有统一标准，所以需科学理性地看待基因检测结果。

目前普通人能够接触到的基因检测服务，主要分为以下两类。

① 消费类检测。这类产品号称能检测上百个基因项目，包括祖源分析、运动基因等，价格一般在几百块。该检查方法方便，一般用产品附带的采集器采集口水，然后封装寄回检测机构，等待几天即可看到检测报告。然而，这种检测类结果并不能代表实际。所以，消费类基因检测可以做，但是对于检测结果也不必过分较真。

② 疾病专项基因检测。如果"唐氏筛查"的结果是高风险，医生会给出两种复查方案，要么做有创伤的羊水穿刺，要么做无创的基因检测。除了产前检查，基因检测还常常用来辅助癌症治疗。以上两种都是疾病基因检测的常见用途，一般用在特定高危人群身上，例如有家族病史。但大量的研究表明，有致癌基因并不代表就会患上癌症，没有致癌基因也不代表肯定不会患癌，疾病的发生是基因和环境共同作用的结果。并且，基因检测的风险值是基于一定数量的人群，通过一定的算法得出的结果，如果参与算法的人群基数或者人群基因数据发生变化，那么风险值也会随之发生变化。因此，高风险不代表疾病一定会发生，低风险不代表疾病一定不会发生。

人类基因组计划（human genome project，HGP）是一项规模宏大、跨国跨学科的科学探索工程。其宗旨为测定组成人类染色体（指单倍体）中所包含的 30 亿个碱基对组成的核苷酸序列，从而绘制人类基因组图谱，并且辨识其载有的基因及其序列，达到破译人类遗传信息的最终目的。人类基因组计划与曼哈顿原子弹计划以及阿波罗计划并称为三大科学计划，是人类科学史上的又一伟大工程，被誉为生命科学的"登月计划"。

1990 年，人类基因组计划在美国正式启动。2006 年 5 月 18 日，英、美科学家宣布完成了人类 1 号染色体的基因测序图，这表明人类最大和最后一个染色体的测序工作已经完成。然而，当时描绘的基因组图谱其实遗漏了大约 8% 的 DNA 序列。这些遗漏的部分，主要是 DNA 序列高度重复的染色体中间部分的着丝粒、末端的端粒（之前在很大程度上被视为垃圾 DNA）。近二十年来，研究人员认为，这些区域可能在进化和疾病中发挥关键作用。

2022 年 4 月，《科学》杂志同时发表了 6 篇论文，并以封面形式介绍了人类基因组计划的最新成果，这是人类基因组计划的全新里程碑：一份更完整的人类基因组图谱。在这次发表的最新成果中，由美国国家人类基因组研究所、加利福尼亚大学圣克鲁斯分校、华盛顿大学等机构领衔的国际科研团队组成"端粒到端粒联盟（T2T）"，对人类基因组进行完整的、无间隙测序。这些数据为探索新发现的变异如何导致疾病，以及着丝粒 DNA 如何随时间变化提供了基础。研究结果还揭示了基因变异的更复杂模式，这有助于解释人类的快速进化。

基因检测帮助我们去读懂自己的基因序列这本厚厚的书，给了我们真正认识自己的机会。在一定程度上，我们可以知道影响自己生命进程的程序是怎样编写的，可以预测自己可能会患什么样的病，从而进行针对性预防，甚至可以从根本上治疗现在还难以治疗的疾病。

随着应用范围的扩大，基因检测也带来了很多负面问题。首先，由于基因检测涉及很多个人信息，稍不注意，可能就会被不良商家盗用，因此存在很大的个人信息泄露风险。其次，基因检测可能会带来歧视问题。如果在基因检测中发现某人携带了不好的基因信息，那么这个人很可能就会在经济上或者社会地位上被歧视。由此可见，阻碍基因检测广泛应用的不仅仅是技术层面的问题，也有伦理问题和社会问题。只有建立更加完善的法律法规和制度约束，基因检测才能发挥更大的作用。

参考资料

[1] 克里斯廷·肯奈利. 基因中的人类简史 [M]. 北京：天地出版社，2018.
[2] 悉达多·穆克吉. 基因传：众生之源 [M]. 北京：中信出版社，2018.
[3] 卢大儒，皮妍，王磊. 身边的基因科学. 中国大学慕课网，复旦大学，2020.
[4] 钟德星，张新，刘瑞玲. 现代检测技术. 学堂在线课程平台，西安交通大学，2019.
[5] 肖鹏峰，葛芹玉，吕华，等. 高通量DNA测序技术. 学堂在线课程平台，东南大学，2022.

第三节

硫熏中药

兰 薇

2021年全国各省通报不合格药品919批,中药占89%,而且外源性有害物超标的中药更是会直接危害人民的身体健康,其中二氧化硫残留量超标的现象最为严重。中药里的二氧化硫是哪里来的呢?

原来,为了解决中药最常见的虫蛀、发霉、变色等问题,药农或药商可能会采用硫熏这种化学法,也就是在封闭的空间中燃烧硫黄产生二氧化硫气体来熏蒸药材。

1. 硫熏可以杀虫、杀菌、防止变色的原理

这是因为硫熏产生的二氧化硫可与水反应,生成亚硫酸,显酸性,证据就是可使紫色的石蕊溶液变红。在硫熏时,SO_2气体分子容易进入害虫、虫卵或微生物体内,变成亚硫酸,产生刺激和腐蚀作用。再加上亚硫酸还具有还原性,可以与高锰酸钾等多种氧化剂快速反应,生成硫酸和还原产物。所以,进入细胞里的亚硫酸,既能还原二硫键使蛋白质变性,还能将胞嘧啶脱氨基,干扰DNA的复制过程,这都会引起细胞坏死,最后产生杀虫、杀菌的作用。原理如图1所示。

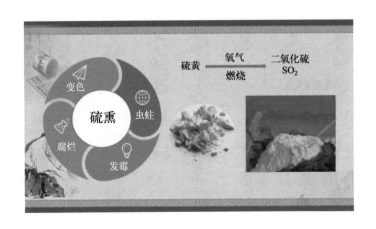

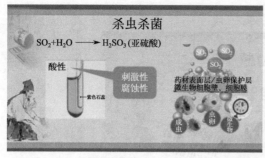 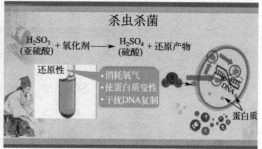

图 1　硫熏杀虫、杀菌的原理

而硫熏防止变色的原理也是基于亚硫酸的还原性。因为药材含有糖、蛋白质、酚类等成分，在氧或氧化酶的作用下会发生褐变，就像切开的苹果会变色一样。当有亚硫酸存在的时候，它作为还原剂，可以优先消耗氧和氧化酶，从而起到抗氧化、抑制和延缓褐变的效果。如图 2 所示。

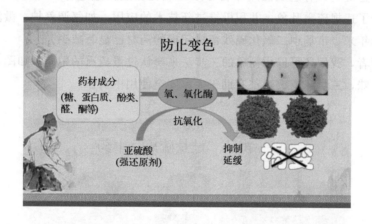

图 2　硫熏防止变色的原理

总之，硫熏产生的二氧化硫又变成的亚硫酸，不仅可以简单、有效、低成本地防止中药材变质，还被应用于多种食品的加工和保存中。

2. 硫熏的安全隐患

硫熏是一把双刃剑，过量的二氧化硫变成亚硫酸盐残留在药材中，会降低药效。如果消费者长期过量摄入亚硫酸盐超标的中药，则会导致呼吸道、消化道等多组织损伤。硫熏的安全隐患如图 3 所示。

为了保证中药安全，我国已制定明确的二氧化硫残留量限量标准，《中国药典》(2020年版) 规定：山药、牛膝、粉葛、甘遂、天冬、天麻、天花粉、白及、白芍、白术、党参共 11 个品种中药材（习用硫熏的粉性根类中药）二氧化硫残留量不得超过 400mg/kg，其他中药饮片二氧化硫残留量不得超过 150mg/kg。同时《中国药典》(2020年版) 也规定了二氧化硫残留量检测的标准方法，包括酸蒸滴定法、气相色谱法和离子色谱法。

科学与生活

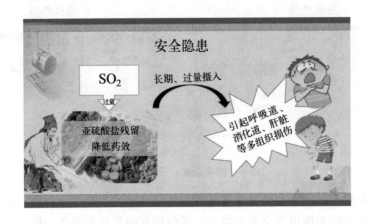

图 3　硫熏的安全隐患

硫熏本有益处，只有违规滥用才会导致二氧化硫残留量超标。为此，我国已加强监管，严厉整治了违规硫熏乱象，并积极推进新技术的应用，如气调养护、微波干燥、超高压杀菌等。近年来，市场中二氧化硫残留量超标的药材已显著减少。

作为消费者，我们还可以用简单的三步法来辨认过量硫熏的中药，如图4所示。一看颜色，二闻气味，三尝味道。这都有助于大家安全使用中药。

图 4　辨认过量硫熏中药的三步法

中药是大自然的馈赠，是中华民族的瑰宝。科技的进步可以让我们更加安全、有效、合理地用好中药，在打造人类卫生健康共同体的过程中，贡献更多的中国力量。

3. 食品、药品中的二氧化硫

大家会想二氧化硫是一种无色、有刺激气味的气体，为什么要在食品和药品中使用呢？原来，SO_2既是一种最常见的硫氧化物，也是国内外允许使用的食品添加剂之一，在中药材、坚果、白糖、干货、葡萄酒等食品、药品中应用广泛，发挥着漂白、抗氧化、防腐、杀菌等作用。SO_2 在食品中的应用示例如图5所示。

图5　二氧化硫在食品中的应用示例

通常用三种方法往食品、药品中添加二氧化硫，分别是熏硫法、浸硫法和二氧化硫缓慢释放法。二氧化硫一方面使一些食品、药品的外表和颜色更好看，比如可以让一些中药材颜色更白，更光滑，没有虫蛀，也可以让一些食品不发生氧化褐变，留住更鲜艳美丽的颜色。另一方面二氧化硫在葡萄酒、果酒的酿造工艺中普遍应用，最大作用是选择性杀菌、酸化、抗氧化，从而留住其内在风味。

研究表明人体的二氧化硫每日允许摄入量为 $0\sim0.7mg/kg$，也就是说一个体重60kg的成年人，每天的摄入量不超过42mg时，二氧化硫并不会对人体健康造成危害，进入体内的二氧化硫最终会转化为硫酸盐排出。但是长期、超限量地接触二氧化硫会导致人类呼吸系统疾病及多组织损伤。因此，为了防范二氧化硫的滥用和过量，中国及多个国家对二氧化硫在食品、药品中的使用范围和残留量均有明确规定。

总而言之，合理利用二氧化硫是特别简单、经济有效的保存食品、药品的方法之一，不应该绝对禁止。我们需要警惕和反对的是滥用和过量使用导致的二氧化硫残留量超标。为此，监管部门应进一步加大监管力度，同时生产企业也要严格遵守法规，并且积极通过革新工艺，尽可能减少二氧化硫在食品、药品中的使用量。而我们消费者则要以正确的心态选购食品，避免过度追求美丽外观，做到对二氧化硫残留保持警惕。

参考文献

[1] 薛鹏仙，龙泽荣，袁辉，等．硫熏中药材品质及其毒理学研究进展 [J]．化学通报，2019，82（7）：598-605．
[2] 林刚健，杨挺，夏慧丽．食品添加剂的使用对我国食品安全的影响分析 [J]．食品工业，2021，42（9）：329-333．

第四节

肠道菌群

周莉 黄蓉

在日常生活中，人们都知道多吃膳食纤维有利于身体健康。膳食纤维广泛存在于谷物、水果和蔬菜中（图1），是一种不能被人体消化系统消化吸收、结构复杂的生物大分子多糖，因此，曾经被认为"无营养物质"而长期得不到重视。然而，随着营养学的发展，人们逐渐发现了膳食纤维具有重要的生理功能，被誉为人体的第七大营养素。那么，膳食纤维是不是真的不能被人体消化吸收呢？

图1 富含膳食纤维的食物

1. 肠道菌群简介

其实在我们每个人身上都存在一个特殊的菌群——肠道菌群（图2），它们会"吃"膳食纤维。这些肠道菌群主要栖居在我们的大肠中，数量众多，其中细菌数量达到10^{14}个，种类有1000多种。主要由厚壁菌门、拟杆菌门等六大类组成。它们在肠道中形成了一个复杂的生态系统，与人类健康密切相关。

由于人类基因组没有编码能分解多糖的酶基因，所以膳食纤维摄入后，能顺利通过口腔、胃、小肠，最终进入大肠，与肠道微生物相遇。这些微生物能产生足够多的活性酶将多糖分解。

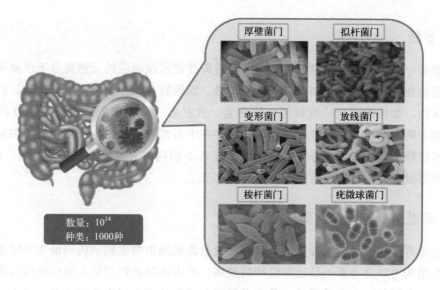

图 2 肠道菌群

拟杆菌是多糖的主要降解者，那么，它们是如何分解多糖的呢？

原来拟杆菌是通过淀粉利用系统（简称 Sus 系统）来控制多糖的分解。当 Sus 系统检测到多糖时，SusR 蛋白就会调控拟杆菌的细胞外膜 SusC、SusD、SusE、SusF 蛋白的表达，其中 SusE 和 SusF 蛋白负责将多糖绑定在细胞外膜表面，被糖苷水解酶（GH）分解成低聚糖后由 SusD 蛋白结合绑定，SusC 蛋白和 TonB 转运蛋白共同作用将低聚糖转移到壁膜空间。之后再次被多糖水解酶和糖苷水解酶进一步分解为小分子单糖。

单糖穿过内膜进入细胞中，参与发酵，产生短链脂肪酸，这些短链脂肪酸被肠上皮细胞吸收后，到达各个靶器官发挥着抗炎、抗肥胖等重要生理功能。此外，多糖的摄入能调整肠道菌群结构，促进有益菌的生长，抑制有害菌的生长。草本药物和功能性食品中含有大量的膳食纤维，它们被摄入后可以通过肠道微生物调节人体健康。

淀粉利用系统如图 3 所示。

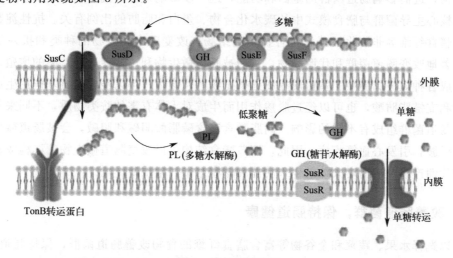

图 3 淀粉利用系统

2. 多糖

多糖是一类由醛糖或酮糖及其衍生物通过糖苷键连接而成的天然高分子多聚物，广泛参与细胞的各种生命现象，如细胞间信号传导、细胞转化、分裂及再生等活动，具有多样的生物活性，如协助消化、抗疲劳、抗衰老、抗肿瘤、降血糖、降血脂及免疫调节等活性。植物多糖如淀粉、纤维素、果胶等普遍存在于自然界植物体中。由于植物多糖的来源广泛，不同种的植物多糖的分子构成及分子量各不相同。有些植物多糖如淀粉、纤维素、果胶，早已成为人们日常生活中的重要组成部分。

3. 肠道菌群与人体健康

肠道菌群是连接膳食与健康的桥梁，膳食是影响肠道微生物结构的最主要因素，因此调节膳食结构可以显著影响肠道和机体的健康。在人体肠道特别是大肠中栖居着数量众多的微生物，主要是由六大类组成，其中以厚壁菌门和拟杆菌门为优势菌群，可占到总微生物菌群的90%以上。作为一个特殊而且必需的存在，肠道菌群在宿主发挥生理功能上起着非常重要的作用，包括从食物中摄取能量、产生重要的代谢产物、促进免疫系统的发育与成熟、保护宿主免受病原的感染以及影响大脑功能等。然而肠道菌群失调会导致各种疾病，包括心脑血管疾病、肠易激综合征、炎症性肠炎、肥胖、糖尿病、自身免疫性疾病等，因此维持肠道菌群的平衡对人体健康具有重要意义。

4. 膳食结构对肠道菌群的影响

肠道菌群的结构、功能受宿主遗传、饮食等因素的影响，而饮食因素对肠道菌群的塑造作用要强于遗传因素，膳食成分的类型和数量能直接影响肠道微生物的组成、数量和代谢情况。食物经过口腔和胃肠消化后，不能被小肠吸收的成分进入大肠被肠道微生物菌群代谢，产生不同的代谢产物。同时，不同的膳食成分也会快速、强烈、可重复地影响肠道菌群结构，进而影响肠道菌群的基因和功能，进一步影响人体的代谢和健康水平。人体肠道中的核心主导菌群与膳食模式中的碳水化合物、蛋白和脂肪的比例有关。抗性淀粉、低聚糖、膳食纤维等非消化性碳水化合物到达结肠，改变碳水化合物的种类和摄入量能迅速、显著地改变肠道菌群和代谢产物，它们被肠道微生物利用，促进有益菌的增殖，并被代谢生成各种短链脂肪酸。蛋白质在肠道微生物的代谢中，可以经过脱氨基作用生成短链脂肪酸和支链脂肪酸，也可以经过脱羧作用而生成对人体有害的胺类物质，不同来源的蛋白质对肠道菌群组成有不同的影响。高脂膳食富含磷脂酰胆碱和胆碱，会被肠道微生物代谢成三甲胺，引发心血管疾病。因此，调节膳食结构可以改变肠道微生物菌群构成及其所产生的代谢产物，进而对人体的生理功能和健康水平产生重要影响。

5. 改善肠道菌群，保持肠道健康

可以选择水果、蔬菜和全谷物等富含膳食纤维的食物改善肠道菌群，保持肠道健康。人体虽不可以消化这些膳食纤维，但膳食纤维是肠道细菌的重要营养物质，比如苹果、橙

子、葡萄富含的花青素和多酚，茶叶中的茶多酚，竹笋中的纤维和中药有效成分小檗碱等均对肠道菌群具有有益影响，可以让肠道细菌均衡生长。相反，高脂、高糖、低纤维的饮食会使肠道菌群多样性降低、机体能量代谢失衡而诱发肥胖。有氧运动，如步行、慢跑等也可以引起肠道菌群的改变，重塑肠道菌群。此外，切勿滥用抗生素。长期服用广谱抗生素，会将共生菌和致病菌同时杀掉，破坏肠道菌群平衡。因此，必须遵照医嘱，按量使用抗生素，与此同时适当补充益生菌以及富含益生菌的发酵食物来保持肠道健康平衡。总而言之，丰富肠道微生物群种类的多样性可以促进健康，降低患病风险。

参考资料

[1] Gill S R, Pop M, DeBoy R T, et al. Metagenomic analysis of the human distal gut microbiome [J]. Science, 2006, 312 (5778): 1355-1359.

[2] Cryan J F, Dinan T G. Mind-altering microorganisms: The impact of the gut microbiota on brain and behaviour [J]. Nature Reviews Neuroscience, 2012, 13 (10): 701-712.

[3] 郭慧玲, 邵玉宇, 孟和, 等. 肠道菌群与疾病关系的研究进展 [J]. 微生物学通报, 2015, 42 (2): 400-410.

[4] Zhao L, Zhang F, Ding X, et al. Gut bacteria selectively promoted by dietary fibers alleviate type 2 diabetes [J]. Science, 2018, 359 (6380): 1151-1156.

[5] David L A, Maurice C F, Carmody R N, et al. Diet rapidly and reproducibly alters the human gut microbiome [J]. Nature, 2014, 505 (7484): 559-563.

[6] 林璋, 祖先鹏, 谢海胜, 等. 肠道菌群与人体疾病发病机制的研究进展 [J]. 药学学报, 2016, 51 (6): 843-852.

第五节
转基因技术

徐 婧

1. 基因简介

基因,是生命中的"基本因子",是生物的"设计图"。生物根据"设计图"合成蛋白质,不同的基因指导合成不同的蛋白,最终反映为高矮、胖瘦等不同的生物特征,这些特征在生物学里叫性状。控制性状是基因的第一个功能。基因另一个重要功能是遗传,这张"设计图"是会从亲代传递到子代,使两代之间表现出基本相似的性状。基因会因为杂交等原因发生随机的改变。基因与生物特性的关系如图1所示。

图1 基因与生物特性的关系

2. 基因的转移

自然界中基因的转移十分普遍。比如天然杂交的过程就存在基因的转移。在一排白色的玉米周围再种几排紫色的玉米,通过风媒自然传播花粉,就可以产生紫色白色相间的后代,从而形成市场上的花色玉米[图2(a)],这是由于紫色玉米基因和白色玉米基因实现了相互转移。人类学习和效仿大自然,创建了人工杂交。袁隆平先生通过人工杂交,将野生稻的雄性不育基因转移到了栽培水稻上,创造出了举世闻名的杂交水稻[图2(b)]。还有很多例子,均是利用人工杂交方法,将野生近缘种或者同一个物种的基因,转移到另一个物种或品种,获得具有高产、优质、抗病等优良性状的品种。

除了杂交,微生物的感染也可以实现基因的转移,比如红薯。最早的红薯是细细长长的一条,没有让人食用的部分,一次偶然的机会,红薯感染了农杆菌,就被转入两条来自

(a) 花色玉米

(b) 杂交水稻

图 2　基因的转移

农杆菌的基因，使红薯不断增生，才有了现在我们吃的红薯。

农杆菌是普遍存在于土壤中的一种革兰氏阴性细菌，它在自然条件下就能感染大多数双子叶植物的受伤部位，并诱导产生冠瘿瘤或发状根。农杆菌的细胞中有一段 T-DNA（转移 DNA），农杆菌通过侵染植物伤口进入细胞后，可将 T-DNA 插入植物基因中。农杆菌对植物的侵染作用，使不同物种间基因的转移得以实现，为后续的转基因技术奠定了基础。

3. 转基因技术简介

转基因技术就是利用现代科技手段，将一种生物的"优良"基因分离出来，转入另外一种生物中，让另外一种生物获得相应的优良性状，产生新的品种或产品。

接下来，就以我国种植面积最大的转基因作物——抗虫棉为例，来了解转基因技术。1992 年，我国暴发史无前例的棉铃虫灾害，由于棉铃虫产生了极强的抗药性，依靠喷洒农药已经没法控制住害虫，即便一个星期喷两三次化学农药都不会有效，棉花几乎绝产。一种细菌合成的 Bt 蛋白是棉铃虫的克星，但是面对如此大规模的虫害，依然束手无策。科学家把这种细菌中合成 Bt 蛋白的基因分离出来，在搬运工具 Ti 质粒的帮助下，转入棉花的基因中，获得的转基因棉花，自身就可以合成 Bt 蛋白，天生就有抗虫能力，因此，被称为抗虫棉。抗虫棉的种植，让中国的棉花产业快速地起死回生，并且大大降低了化学农药的喷洒量。转基因棉花的原理如图 3 所示。

图 3　转基因棉花的原理

由这个例子可以看出，与自然界随机、漫长的基因转移相比，转基因技术准确、高效、可控、时间短。

转基因技术不但在农作物上有广泛的应用，还普遍作用在微生物上。1982年，世界上第一个转基因大肠杆菌用于生产胰岛素，给糖尿病患者带来了福音。

目前，全球种植的转基因四大作物为大豆、玉米、棉花和油菜。在我国，依法批准进行商业化种植的转基因作物是转基因棉花和木瓜，已批准进口的转基因作物包括大豆、棉花、油菜、木瓜和玉米等。

4. 转基因产品

（1）转基因大豆

基因耐除草剂大豆是目前全球种植最为广泛的转基因作物。草甘膦是一种除草剂，在使用的过程中，它会把普通大豆植株与杂草一起杀死，20世纪80年代，科学家从矮牵牛中获得了可以抗草甘膦的基因，把这种基因利用转基因技术转入大豆的细胞中，进而培育出抗草甘膦的转基因大豆品种。这种大豆具有耐除草剂草甘膦基因，对草甘膦具有高度的耐受性，所以，在大田中施用草甘膦除草剂时，便不会把大豆杀死了。

（2）转基因玉米

转基因抗虫玉米是全球第二大转基因作物。一种常见的土壤细菌——苏云金芽孢杆菌（Bt），能产生几种蛋白质，昆虫摄入后就会死亡，但这些蛋白质对人类无害，长期被有机种植者用作天然杀虫剂。将控制这些蛋白合成的基因（Bt）转入玉米后，就能在玉米植株体内产生Bt蛋白，不用打农药就可以减轻或避免虫害。Bt杀虫基因已成为转基因作物中应用最为广泛的抗虫基因。转Bt基因抗虫玉米因其抗玉米螟、棉铃虫、粘虫等效果显著且直观，使其成为转基因作物中商业化种植速度快的作物之一。

（3）转基因油菜

转基因油菜也是全球广泛种植的农作物，2018年的种植面积达1010万公顷（1公顷为1万平方米）。美国、加拿大是最早商业化种植转基因油菜的国家，目前，商业化的转基因油菜主要为耐除草剂转基因油菜、高月桂酸转基因油菜、含ω-3脂肪酸的转基因油菜等几大类。

（4）转基因木瓜

番木瓜环斑病毒是木瓜生产上为害最严重的病害，曾给木瓜产业造成毁灭性的打击。1990年，世界首个转抗番木瓜环斑病毒基因的木瓜品系在美国培育成功，1998年美国批准商业化种植转基因番木瓜品种"日出"和"彩虹"，挽救了美国的木瓜产业。我国于2010年引进转基因木瓜。"华农1号"是我国历时10年自主研发的转基因番木瓜品种，2010年获农业部颁发的安全证书，随后在我国华南地区开始大规模种植。目前，我国市面上 90% 以上的木瓜为转基因木瓜。

（5）黄金大米

在世界贫困地区，维生素 A 缺乏症非常普遍，全球有 2.5 亿儿童存在维生素 A 缺乏问题，每年有 50 万儿童因此失明，一半以上会在失明后死亡。科学家向水稻中转入了 β-胡萝卜素基因，生成的转基因水稻可以合成普通水稻中没有的 β-胡萝卜素。所生产的大米因为富含 β-胡萝卜素呈现黄色，所以被称为"黄金大米"。β-胡萝卜素进入人体后会转化为维生素 A，缺乏维生素 A 的儿童每天食用 50g 这种大米就可以脱离维生素 A 缺乏症的危害。

转基因一直以来就为人们所争议。不得不说，转基因作为一种较为高级与专业的技术，很难让人们普遍理解，同时，绝大多数人对于基因来说还处于一种未知与敬畏的状态中。以一种较为客观、理性的角度来看，任何一种技术、工具都不是绝对的，不全好也不全坏，转基因也是。转基因作为一种技术，它可以为人们带来优质的生物，解决粮食问题等，当然也有可能带来强力的病毒，甚至有可能会给人类带来健康问题以及威胁到自然界。但转基因本身是一种自然规律，利用转基因也意味着科技与人类的进步。

参考资料

[1] 卢宝荣. 转基因的前世今生 [J]. 科技视界，2020（27）：1-3.

[2] 段灿星，孙素丽，朱振东. 全球转基因作物的发展状况 [J]. 科技传播，2020（12）：29-31.

[3] 谢道昕，范云六，倪丕冲. 苏云金芽孢杆菌杀虫基因导入中国栽培水稻品种中花 11 号获得转基因植株 [J]. 中国科学：B 辑，1991（8）：830-834.

[4] 赵久然，郭景伦，滕海涛，等. 玉米转基因研究进展 [J]. 玉米科学，2000（3）：14-17.

[5] 朱作言，许克圣，谢岳峰，等. 转基因鱼模型的建立 [J]. 中国科学：化学，1989（2）：147-155.

第六节

兰科植物

李小军　王　静　尹世金

兰花（图1）是珍贵的观赏与药用植物，同时也是世界上濒危的植物类群之一。《兰花草》家喻户晓，那优美的旋律中，充满了清新、质朴、深情和对生命的期待，但也道出了兰花的难养。

图1　兰花

兰科植物的种子（图2）细小如粉尘，通常无胚乳，缺乏营养储备，自身很难发芽，需要真菌的帮助。

图2　兰科植物的种子

除了发芽，生长也常常需要真菌，与真菌共生，形成内生菌根，这是兰科植物最大的特点。菌丝一端在腐殖质中蔓延，另一端侵入种子或根系表层，通过长长的菌丝，将营养源源不断提供给种子或根系，促进种子萌发和植株生长。利用真菌，科学家们成功地在森林中恢复了许多濒危兰科植物的种群。养兰花时，添加有益真菌，可以显著提高兰花品质。

兰花与真菌有一定的专属性，不同的兰花常常对应不同的真菌。高洁的兰花背后常常有其貌不扬的真菌在默默呵护与奉献！生物多样性的重要性在兰花和真菌这对组合中得到了完美的演绎。实际上除了兰花，杜鹃、天麻等许多其他常见植物的成长也离不开真菌的帮助。

1. 天麻的种植——共生效应的应用

天麻是一种无根、无绿色叶片，不能进行光合作用自营自养的兰科植物。在一百多年前，人们发现了天麻与蜜环菌的共生关系，蜜环菌的菌丝一端侵入木头内部，另一端侵入天麻表层，通过长长的菌丝将木头的营养源源不断提供给天麻，促进天麻生长。天麻曾是非常名贵的中药材，1kg野生天麻的价格常高达数千元，被列入中国《国家重点保护野生植物名录》，是二级保护植物。

四十多年前，我国科学家徐锦堂找到了一种叫紫萁小菇的真菌，可以促进天麻种子的萌发，解决了天麻种源问题。如今天麻在我国大面积种植（图3），成为普通食品，紫萁小菇和蜜环菌功不可没。

图 3　一根木头上高产的天麻

2. 兰花之乡

韶关市翁源县位于粤北山区，有"中国兰花之乡"之称，该县的兰花产业规模庞大，已成为中国最大的国兰生产基地，花卉产品远销海内外。该县结合自身实际情况，自2016年开始，在广东省定点帮扶单位的支持下，发展花卉种植作为主要的特色扶贫产业。该县兰花产业园已入选广东省现代农业产业园。

3. 兰花市场及价值

市场上，一般兰花的售价从几块到几万块一株不等，有些稀有品种价格更高。为什么兰花的价格这么高呢？

俗话说，物以稀为贵，兰花有些品种稀少，价格自然高。另外，兰花的观赏性比较高，受人们喜爱，需求多。还有，兰花是一种传统名花，在我国的栽培历史非常悠久。再就是它的寓意好，象征高洁的品格。

那么兰花到底有多珍贵呢？野生兰花大多是国家一级或二级保护植物，在2021年发布的《国家重点保护野生植物名录》中，共列入国家重点保护野生植物455种和40类，包括国家一级保护野生植物54种和4类，国家二级保护野生植物401种和36类。其中，一级保护植物中兰花有8种，包括大黄花虾脊兰、美花兰、文山红柱兰、曲茎石斛等；二级保护植物中兰花有29种，包括麻栗坡蝴蝶兰、独蒜兰属所有种、钻喙兰等。不光是在我们国家，在全世界范围内，兰花都是极其珍贵的。

参考资料

[1] 李明. 兰花菌根研究及应用 [M]. 昆明：云南大学出版社，2006.
[2] 徐晔春. 观赏兰花图鉴 [M]. 长春：吉林科学技术出版社，2017.
[3] 园林植物育种学. 华中农业大学，中国大学慕课网.

第七节

痛风之痛

陈旅翼

1. 痛风是什么

疼痛来去如风,所以称为"痛风"。在物资匮乏的年代,痛风被称为"富贵病"。但随着人们物资的不断丰富,大量的酒、肉、海鲜等进入我们的生活,痛风已经成为了一种常见病症。痛风来得快,去得也快,常常发作数小时,表现出关节红、肿、热、痛等关节炎特征并有明显的压痛,疼痛难忍。

高尿酸血症与痛风直接相关,高尿酸血症是痛风发生的基础。当食用大量的海鲜、酒等高嘌呤物质后,这些嘌呤物质经过胃到小肠吸收进入人体,机体发生变化,影响了嘌呤的正常代谢过程,导致嘌呤在体内含量过多,引发高尿酸血症。

所以我们要先简单地来了解一下什么是高尿酸血症。国际上高尿酸血症的定义是:正常嘌呤饮食状态下,非同日两次空腹血尿酸水平为男性血尿酸 $>420\mu mol/L$(7mg/dL),女性血尿酸 $>358\mu mol/L$(6mg/dL)。尿酸是人类嘌呤化合物的终末代谢产物。当血尿酸水平超过关节单钠尿酸盐饱和度而析出沉积于外周关节及周围组织时,称为痛风。

高尿酸血症是痛风的发病基础,但不是所有的高尿酸都能导致痛风,只有尿酸盐在机体组织中沉积下来造成损害才出现痛风;血尿酸水平越高,未来5年发生痛风的可能性越大。急性痛风关节炎发作时血尿酸水平不一定都高。高尿酸血症患者体内尿酸高时,由于足部血液供应较差,皮温较低,组织液 pH 低,而趾骨关节承受压力大,容易损伤,尿酸容易在足部关节形成结晶,所以多在足部关节发生痛风(图1)。

痛风是一种复杂的疾病,除了体内尿酸代谢紊乱外,尿酸还与遗传、肥胖、不良饮食、药物等有关。那么,痛风还会给人体带来什么其他危害呢?长期患有痛风很有可能造成肾脏危害:①痛风性肾病;②尿酸性肾结石;③急性肾衰竭等。除了这些常见的关节相关症状,患者有时还会出现其他症状,包括发热、全身不适、畏寒等。

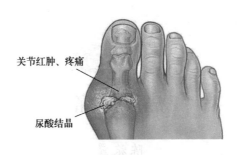

图 1　足部关节痛风

2. 痛风的治疗

痛风治疗可分为三个方面。

① 及早控制、缓解急性关节炎症发作。
② 通过降低血中尿酸含量预防组织中尿酸进一步沉积。
③ 防止尿酸结石形成，减少由此导致的严重关节损伤、肾功能损害。

痛风的具体治疗方式如图 2 所示。

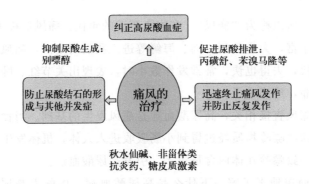

图 2　痛风的具体治疗方式

尿酸高的人要牢记"一勤、二多、三少"。

一勤：勤喝茶、促进尿酸排出。

勤喝茶，能促进血液中尿酸的排泄，减轻肾脏负担，利于调节尿酸水平。

二多：多吃蔬菜、多运动。

① 多吃蔬菜，调节体内酸碱平衡。新鲜的蔬菜，是各种营养最好的来源，尤其是矿物质、膳食纤维等。多吃蔬菜，还有利于调节体内酸碱平衡，利于降低尿酸。研究发现，尿酸在酸性环境下，更容易结晶生成痛风石，而在碱性环境下更易溶解。

推荐蔬菜有茄子、苦瓜、丝瓜、金针菇等。

② 多运动，控制体重，避免肥胖。肥胖会增加尿酸高的概率。临床研究显示，人体血清中尿酸的浓度和肥胖成正比，即体重增加，血清中的尿酸浓度会随之增高。运动能加快人体新陈代谢，促进血液循环，利于尿酸排出。因此，要适量运动，控制饮食，预防肥胖。

三少：少喝酒、少喝咖啡、少吃高嘌呤食物。

① 少喝酒。酒精的代谢产物为乳酸。乳酸会抑制肾小管对尿酸的排泄，使得血尿酸值升高。乙醇还可促进嘌呤分解而直接使血尿酸升高。

② 少喝咖啡。咖啡本身不含有嘌呤，但由于咖啡具有强烈兴奋神经的作用，饮用后易出现失眠、血压增高等情况，对高尿酸患者来说，更易诱发急性痛风。

③ 少吃高嘌呤食物。一些常见高嘌呤食物如图3所示。

图3 常见高嘌呤的食物

参考资料

[1]　苗志敏. 痛风病学［M］. 北京：人民卫生出版社，2006.
[2]　李长贵. 实用痛风病学［M］. 北京：人民军医出版社，2016.

第八章

资源与环境

第一节

长江上的"钢铁长城"

杜 鸿

中国古代,为了抵御外族入侵,修建了万里长城。如今,在长江之上,也屹立着一座"钢铁长城",默默守护着大江和江边的人们,它就是三峡工程(图1)。

三峡工程位于湖北省宜昌市夷陵区三斗坪,高185m,水库全长2335m,能拦蓄221.5亿m^3的洪水,与4个太湖的蓄水量相当,如"定水神针"一般,成为长江防洪的中坚力量。

在防汛的最关键时刻,以三峡为中心的上游水库群组成最强防洪军团,联手出击,科学控制下泄流量,经受住了大洪水的考验。那么,三峡工程究竟是如何防洪的呢?

图1 三峡工程

三峡工程的防洪,不是长时间蓄洪水,而是短时间拦洪峰。上游洪水来临时,根据上下游形势,三峡水库"吞下"来水,减小下泄水量,缓解下游河段的防洪压力。当下游洪水消退时,下游防洪形势好转,抓住有利时机,三峡水库"吐出"蓄水,增加泄水量,腾出"肚子",迎接下一次洪峰的到来。如图2所示。

图2 三峡工程防洪原理示意

通过"吞"和"吐",三峡工程将洪水在上游从一个"瘦高个"调控成一个"矮胖子",有效降低洪峰水位,达到"错峰"和"削峰"作用。错峰,就是通过拦蓄,错开干流和支流洪峰叠加,保证下游安全。这就好比交通管制,让支干道的车先通行,主干道的车后通行,错开主、支干道的车流高峰叠加,保证交通顺畅。然而,并非所有的洪水都会导致灾害,只有洪峰流量大,超过下游河道承受能力的洪水才会致灾。因此,三峡工程拦蓄的是下游河道承受范围之外的那部分洪量,也就是超过下游河道安全泄量的水量,称为削峰。好比交警指挥,让一部分车流先通行,一部分车流后通行,有秩序地削减道路交通压力,保证畅通。

2020年8月,三峡工程拦洪68.8亿m^3,将出库流量削减至49400m^3/s,削峰率34%,极大减轻了长江中下游的防洪压力。根据水文还原计算,如果没有以三峡为中心的上游水库群拦洪、错峰和削峰,则必须启用荆江分洪区,分洪区内60万人口要转移,49.3万亩(1亩=666.67m^2)耕地以及10余万亩水产养殖面积将被淹没。截至2020年底,三峡工程累计拦洪运用61次,拦洪总量超过1910亿m^3,抵御了2010年、2012年、2020年入库最大洪峰均超过70000m^3/s的流域性大洪水。三峡工程成为防洪减灾、保障长江中下游防洪安全的"中流砥柱"。

除了防洪,三峡工程还有什么重要作用呢?那就是发电。利用上游和下游的水位落差在重力的作用下流动,水流推动水轮机使之旋转,带动发电机发电,将水能通过发电机组转换为电能(图3)。截至2020年底,三峡电站累计发电1.4×10^4亿kW·h时,相当于节约标准煤4.58亿t,减排二氧化碳12.09亿t、二氧化硫1272.73万t、氮氧化物330.91万t,节能减排效益显著,成为清洁低碳中国的"绿色引擎",为我国实现碳达峰、碳中和目标贡献重要力量。

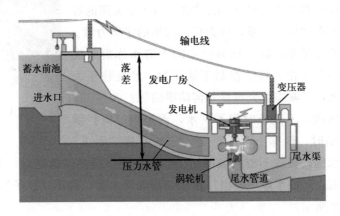

图3 三峡工程发电示意

在浩瀚的长江流域,三峡工程犹如横跨江上的"铜墙铁壁",时而敞怀吞纳、拦洪削峰,时而开闸排浪、泄洪腾库,在与洪水的一轮轮博弈中,护卫中下游防洪安全。同时,三峡工程生产清洁电能,为中国社会经济发展注入动力,筑起长江经济带生态长城。三峡工程,国之重器,功在当代,利在千秋!

对于水库大坝来讲,防洪效益和发电效益是矛盾的。从防洪的角度讲,在汛期较低的水位将会有较大的库容,可用来迎接可能到来的洪峰。但是从发电兴利的角度讲,较高的水位将会有更大的上下游水位落差,能够生产更多的电能。如何解决好这一矛盾,对于水库的运行管理至关重要。比如汛期水库大坝上游有持续的降雨,那么水库需不需要放水泄洪?什么时候放水泄洪?下泄多少水量?开启多少泄洪孔?会对下游产生什么影响?这都是在水库大坝等水利工程运行管理中需要回答的问题。

2020年8月19日，为迎战三峡水库建库以来的最大洪峰，三峡工程开启10道泄洪闸深孔泄洪。是什么为这一重要决策提供科学依据的呢？那就是防汛"耳目"、御洪尖兵——水文预报。

凡事预则立不预则废。水文预报是根据已知的信息对未来一定时期内的水文状态作出定性或定量的预测，即提前预测水文情势，未雨绸缪。2020年长江流域8月下旬发生流域性大洪水，其实早在8月11日，洪水预报系统短中期预报出未来一周流域有大到暴雨，三峡入库将出现 $60000 m^3/s$ 每秒量级以上的复式洪水，此后滚动修正，最终预报的三峡入库洪峰与实况基本吻合。通过分析制作调度方案，精细联合调度长江上游水库群，将长江上游寸滩站90年一遇的特大洪水削减为20年一遇，显著减轻了流域防洪压力，避免了分洪区的启用，发挥了巨大的防洪减灾效益。

目前，长江流域洪水预报使用的是长江水利委员会水文局研发的长江防洪预报调度系统，该系统利用现有水文气象预报技术手段，建设调度规则库和预报调度模型库，创建可组装、共享以及可持续发展的洪水预报调度服务平台；形成适应多阻断条件下的水文气象耦合、预报调度一体化等关键技术，将洪水预报与实时调度两大业务高度协同；利用实时水雨情数据及降雨预报数据，实现实时水雨情监测预警、短中期无缝耦合的洪水预报以及实时调度方案生成等功能，适用于水雨情实时监视、洪水预报、水量预测等场景。

全球气候变暖和强烈的人类活动影响，给水文预报提出了新的挑战。比如城市内涝洪水。2021年7月20日郑州特大暴雨，更是带来了严重的人员伤亡与损失。随着城市化进程的加快，大量的人工发热、建筑物和道路等高蓄热体及绿地减少等因素，造成城市热岛效应。加上城市空气中粉尘较多，粉尘随着热岛环流上升，成为雨滴凝结核，增加降雨，形成城市雨岛效应。同时城市化带来了大量硬化地面、屋顶，不透水面积增加，使得降水绝大部分都留在了地表，无法渗到地下，导致洪峰增加，峰现时间提前。另外，城市的排涝标准普遍不高，排涝能力不足。复杂的城市下垫面和城市的排水管网情况，加上缺乏实测城市淹没数据，给城市洪涝预报带来困难，也是未来水文预报发展面临的挑战。

在水文预报等防洪非工程措施提供的科学支撑下，三峡工程能够更好地发挥防洪和兴利的作用，护佑长江安澜，助力长江经济带生态优先绿色发展。

参考资料

[1] 中国三峡集团宣传与品牌部，中国三峡出版传媒有限公司. 院士专家解读：国之重器，三峡工程 [M]. 北京：中国三峡出版社，2019.

[2] 姜弘道，严忠民. 水利概论 [M]. 北京：中国水利水电出版社，2010.

[3] 雷晓辉，王浩，廖卫红，等. 变化环境下气象水文预报研究进展 [J]. 水利学报，2018，49（1）：9-18.

[4] Berkhahn S, Fuchs L, Neuweiler I. An ensemble neural network model for real-time prediction of urban floods [J]. Journal of hydrology, 2019, 575: 743-754.

[5] 杜鸿. 水文预报. 智慧树在线教育平台，中南民族大学，2017.

[6] 包耘，强晟，徐力群，等. 水利工程概论. 中国大学慕课网，河海大学，2017.

第二节

神奇的光催化

康宁馨

你知道光合作用吗？

太阳光照射在树叶表面，植物发生光合作用，叶绿素将二氧化碳转换为氧气和水。受植物光合作用的启发，科学家开始思考人类能否实现光合作用。

1967年，日本的藤岛昭教授做了一个有趣的实验。

二氧化钛加入水中，再来点光，神奇的现象发生了，原本平静的水面冒出气泡，水被分解成氢气和氧气（图1）。这就是光催化的前身。

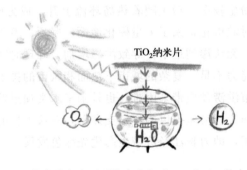

图1　TiO_2 纳米片在光照下将水分解成 H_2 和 O_2 的实验示意

到底什么叫作光催化？打个比方，甲、乙二人，互不认识，没有交集。此时，由于丙的加入，甲和乙开始交流，发生了反应，而丙前后并没有任何变化，丙，就是催化剂。顾名思义，依靠光的作用才能工作的丙，就是光催化剂。

在自然界的光合作用中，植物体内的叶绿素就是一种光催化剂。同理，将水分解为氢气和氧气的二氧化钛，也是一种光催化剂。在特定波长的光照射下，二氧化钛能产生类似植物中叶绿素光合作用的一系列能量转化过程，即将光能转变为化学能。叶绿素和二氧化钛光催化反应示意如图2所示。

在阳光下，二氧化钛会以某种方式获得使墨水颜色消失的力量，这个过程也是光

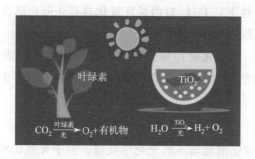

图2　叶绿素和二氧化钛光催化反应示意

催化。

首先，黑暗条件下，很难看到任何变化。但是负载有二氧化钛的白布一旦暴露在阳光下，它就开始吸收太阳的能量。这种强大的能量能够分解任何靠近二氧化钛表面的微小物质（比如蓝色染料分子）。二氧化钛的强力氧化作用，使杯中的蓝色墨水失去颜色。如图3所示。

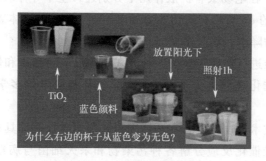

图3　墨水颜色消失实验

事实上，光催化不仅存在于科学实验中，在我们的身边，很多地方也都有它的影子。在客厅，空气脏脏的怎么办？买回的空气净化器，里面就有光催化剂，帮助将空气中的有毒气体氧化分解，还你一片清新。坐在车里，有异味怎么办？车载净化器，同样是利用光催化剂，净化车内空气的同时，还能够杀菌除臭。擦玻璃，不想又累又麻烦？给玻璃涂覆一层光催化剂，历经日晒雨打，自己就能洁净如新，不残留一点污垢。现在，你对光催化还陌生吗？在没有光的时候，面对周围的污染物，光催化剂束手无策，但当光打在光催化剂表面，它就会获得能量，一举消灭污染物分子，还你一个清洁干净的环境。

(1) 光催化发展历史

1967年，来自日本的藤岛昭教授发现在紫外光照射下，TiO_2电极能够将水分解为氢气和氧气，这就是著名的"本多-藤岛效应"。1972年，这一现象发表在《自然》上，揭开了光催化新时代的序幕。

1976年Carey等发现TiO_2在紫外光条件下能有效分解多氯联苯，被认为是光催化技术在消除环境污染物方面的创造性工作，继而进一步推动了光催化研究热潮。1977年，

Yokota 等发现在光照条件下，TiO_2 对丙烯环氧化具有光催化活性，拓宽了光催化的应用范围，为有机物合成提供了新的思路。

经过几十年的发展，光催化在污染物降解、重金属离子还原、空气净化、太阳能电池、抗菌、自清洁等方面受到国内外学者广泛应用研究，是世界上热门研究领域之一。

（2）光催化原理

光催化一般是指在催化剂参与下的光化学反应。由于光催化剂大多是半导体材料，所以一般情况下光催化默认为半导体光催化。不同于导体或者绝缘体，半导体具有不连续的能带结构，在充满电子的价带和空的导带之间区域称为禁带，而最高价带和最低导带之间的能量差为禁带宽度，一般用 E_g 表示。

光催化过程可以简化为以下几个步骤：

① 当入射光能量 $h\nu$ 不小于禁带宽度 E_g 时，价带上电子 e^- 吸收光能跃迁至导带，同时价带上产生空穴 h^+。

② 产生的 e^-、h^+ 在电场或者扩散作用下分别迁移至半导体表面。

③ 具有还原能力的 e^- 与具有氧化能力的 h^+ 与吸附在半导体表面上的物质发生氧化还原反应，比如污染物降解、水分解制氢气等。

光催化是利用光能进行物质转换的一种方式，是反应物在光和催化剂作用下共同进行的化学反应。同时光催化是催化化学、材料科学、环境科学等多学科交叉的新型研究领域，具有重大的潜力。

近年来，光催化技术迅速发展，在环境净化和能源转换方面具有重大的潜力。在环境光催化方面，可通过光催化反应分解各种污染物和杀灭细菌与病毒。而在能源光催化方面，能够将低密度的太阳能转化为高密度的化学能（例如，氢能）。

在当前全球能源危机的背景下，光催化作为一种环境友好、清洁绿色的技术走进人们的视野。同时，利用太阳能将二氧化碳转换为燃料具有卓越的研究前沿和应用前景，有望助力"碳达峰、碳中和"。

参考资料

[1] 藤岛昭. 太阳和光催化剂的故事 [M]. 北京：科学普及出版社，2013.
[2] Tujishima A, Honda K. Electrochemical photolysis of water at a semiconductor electrode [J]. Nature, 1972, 238：37-38.

第三节

纳米零价铁——重金属污染物的克星

朴旭瑞

水中重金属污染一直困扰着环境工作者,矿山开采、电镀、金属冶炼和一些化工企业排放的废水均含有大量的重金属,这些以各种化学形态存在的重金属,在进入环境或生态系统后就会存留、积累和迁移,通过食物链浓缩进入人体,重金属在人体内能和蛋白质及各种酶发生强烈的相互作用,使它们失去活性,也可能在人体的某些器官中富集,如果超过人体所能耐受的限度,会造成人体急性中毒、亚急性中毒、慢性中毒等,对人体会造成很大的危害。

人体各部位重金属中毒示意如图 1 所示。

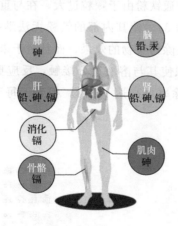

图 1 人体各部位重金属中毒示意

纳米技术对科学和工程学科产生了深远的影响,工程纳米材料在环境清洁中的应用应运而生,其中纳米零价铁(nanoscale zero-valent iron,简称 nZVI)由于其较低成本和环境友好性、高反应活性而受到广泛关注。

铁元素是地壳的第四大元素,是一种具有高活性和强还原性的过渡金属元素,铁的运用体现在生活的方方面面,大到建筑钢材,小到生活用品,甚至人的体内也时刻流淌着蕴含铁元素的血液。顾名思义，纳米零价铁就是直径在纳米级别的单质铁，相比普通铁粉，纳米零价铁的性质更为活跃，发生化学反应更快更彻底，且对人体几乎无害，因此纳米零价铁已成为目前应用最广泛的环境纳米材料之一。

对于重金属污染的处理方法主要包括化学沉降法、膜分离法、离子交换法和吸附法等，这些方法只能将重金属污染从水中分离，但无法真正去除它，分离出的重金属离子不断累积很容易造成环境二次污染。采用铁粉净化重金属污染水时，主要是通过其强还原性置换出水中的重金属离子，不仅净化效率更高，而且能使重金属离子变为低价态无害的状态，彻底消灭重金属污染。反应原理如图2所示。

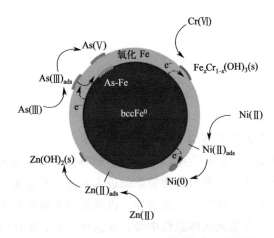

图 2　纳米零价铁净化重金属污染水反应原理

在使用铁粉净化重金属时，普通铁粉由于颗粒过大，在与重金属污染物反应时，反应后的氧化铁包裹住单质铁颗粒（图3），使其内部的铁粉无法继续参与反应，大大降低了反应的效率，不仅很难起到彻底去除污染物的效果，而且对于未反应的铁粉也造成了很大的浪费。纳米零价铁的高比表面积使其与溶液充分接触，反应更加充分（图4）。在合理利用下，对于重金属污染物的去除率可高达100%！相当于每千克纳米零价铁可以净化10t工业电镀产生的废水！

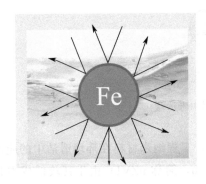

图 3　被氧化铁包裹住无法继续反应

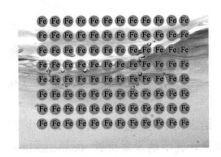

图 4　增大表面积充分发生反应

纳米零价铁制取途径有很多，工业上纳米零价铁材料的制备方法主要分为物理法和化学法。其中物理制备法主要有高能球磨法、蒸汽冷凝法、溅射法和等离子体法等，化学制备法包括液相还原法、固相还原法、气相还原法以及电沉积法等。

在过去的 20 年中，科学技术的突破性发展带动了纳米科学的快速进步，研究者得以进一步了解纳米零价铁的化学性质与微观结构，为其工程化应用创造了条件。如今，纳米零价铁生产、使用量已突破每年 100t，其在全球原位地下水和土壤修复中已有超过 100 项试点或大规模应用。

尽管纳米零价铁可以有效去除污染物，但因其自身的静电引力和磁性作用易形成团簇状链式结构，使得纳米零价铁在实际应用中存在着一定的局限性，主要包括易团聚、易氧化、易失活三个方面。为了抵消伴随纳米零价铁的使用而带来的负面影响并提高纳米零价铁的高效性，人们对其进行了越来越多的改性实验，以提高纳米零价铁在环境中的化学稳定性、分散性以及对污染物的去除效率。如图 5 所示。

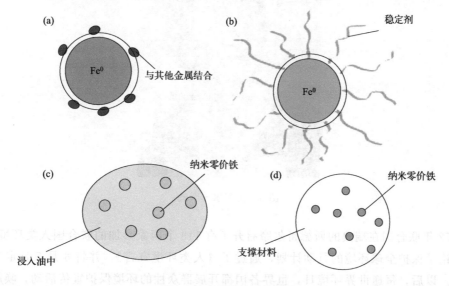

图 5　纳米零价铁改性实验

① 将其他金属与纳米零价铁混合，提供氢催化剂或活性电子给体来提高污染物去除率。双金属具有更快的反应速率和更慢的腐蚀产物沉积等优点。

② 在纳米零价铁表面加入含有憎水基和亲水基的活性剂，从而改变纳米颗粒表面的电荷分布，以产生空间位阻作用和静电作用来降低纳米零价铁的团聚现象。

③ 通过植物油等脂类乳化纳米零价铁，使其与疏水溶质结合，与不溶于水的污染物反应。同时减少纳米零价铁团聚现象，与此同时，油膜还可以保护纳米零价铁免受地下水其他无机成分的腐蚀。

④ 将纳米零价铁颗粒固定在负载材料上，有效降低了纳米零价铁之间的团聚现象，进一步增强纳米零价铁在环境介质中的迁移能力，从而提高其修复能力，保持纳米零价铁的高反应活性。

通过对纳米零价铁改性的研究，人们逐渐发现纳米零价铁不仅可以去除重金属污染物，其对于非金属无机物、卤代脂肪族、卤代芳香族和其他各类有机污染物的去除效果也得到了广泛的验证。在酸性环境下纳米零价铁也可以将一些难降解的大分子有机物降解为小分子物质，提高污水的可生化性，为进一步的生化处理提供基础。乳化条件下有机污染物通过液体扩散膜与纳米零价铁反应，达到还原、降解有机污染物的效果。纳米零价铁还可以与微生物结合，相互促进对有机污染物的降解等。

1962年，美国女科学家蕾切尔·卡逊（图6）撰写了《寂静的春天》一书。书中写道："自20世纪40年代中期以来，超过200种基本化学药品被研制出来，用于杀死昆虫、杂草、啮齿动物和其他被称为害虫的生物。这些普遍在农场、花园、森林和家庭中使用的化学药品能够不加选择地杀死任何昆虫，不论其是好是坏。结果是天空中鸟儿不再歌唱，水中鱼儿不再跳跃。"自那时起，环境问题开始逐渐引起了世界各国人民的注意。

图6 蕾切尔·卡逊

1972年联合国在瑞典的斯德哥尔摩召开了有113个国家参加的联合国人类环境会议。会议讨论了保护全球环境的行动计划，通过了《人类环境宣言》，并将6月5日定为世界环境日。以后，每逢世界环境日，世界各国都开展群众性的环境保护宣传活动，唤起全世界人民都来保护人类赖以生存的环境，自觉采取行动参与环境保护的共同行动，同时要求各国政府和联合国系统为推进保护进程作出贡献。

保护生态，修复环境，绝非一朝一夕之事，建设天蓝水清、环境和谐的生活环境还需每一个人的努力！

参考资料

[1] 江宇，孙康，王东田，等. 改性净水污泥负载纳米零价铁去除水中的Cr(Ⅵ)[J]. 中国给水排水，2020，36(13)：20-25.

[2] 盛杰，傅浩洋，王伟，等. 纳米零价铁的表征及改性研究进展[J]. 环境化学，2020，39(11)：2959-2978.

[3] 贺强强，杨洪，孙笑笑，等. 纳米零价铁的制备、改性及在有机物污染中的应用研究进展[J]. 资源再生，2021(8)：46-51.

[4] 徐楠，王芳. 纳米零价铁复合材料的制备及其在环境污染治理中的应用综述[J]. 苏州科技大学学报（自然科学版），2020，37(4)：1-12.

第四节

碳达峰与碳中和

秦 缘 叶恒朋

你知道为什么天气越来越热,高温持续时间越来越久吗?其实,这就是二氧化碳、甲烷、氧化亚氮等温室气体的作用。

那什么是温室气体呢?温室气体(greenhouse gas),是指任何能够吸收和释放红外线辐射并且能够在大气中存在的气体。由于吸收和释放红外线辐射过程中会产生能量的得失,所以这些气体会使地球变得更暖,故而被称为温室气体。1997年12月,《京都议定书》将二氧化碳、甲烷、氧化亚氮、氢氟碳化合物、全氟碳化合物和六氟化硫等六种气体视为温室气体。2015年12月12日,《联合国气候变化框架公约》近200个缔约方在巴黎气候变化大会上达成了《巴黎协定》,为2020年后全球应对气候变化作出了具体的行动安排。

为了应对目前严峻的气候变化,国家提出了"双碳"目标,"双"指的是碳中和与碳达峰两个目标,"碳"指的是二氧化碳,简而言之,力争2030年前实现碳达峰,力争2060年前实现碳中和。

虽说二氧化碳看不见也摸不着,但是随着二氧化碳排放量的增多,全球变得更温暖。根据数据统计分析,全球气候变暖趋势确立,一旦到达气候临界点,生态环境变化将不可逆转,会导致极端天气条件(如厄尔尼诺、干旱、高温天气和沙尘暴等)出现的频率与强度增加,还会导致海平面的上升,以至于动物(企鹅、北极熊等)栖息地的丧失等。碳达峰、碳中和目标的提出是刻不容缓和极其重要的。

碳达峰是指二氧化碳的排放量达到历年的最高值,然后经过一段平台期后持续下降的过程,它标志着二氧化碳的排放量由增加转变为降低,也标志着碳排放与经济发展实现脱钩,达峰目标包括了达峰年份和峰值。

碳中和是指一切社会生产生活在一定时间内直接或间接产生的二氧化碳的排放总量,通过植树造林、节能减排等形式,抵消了产生的二氧化碳的排放量,实现了吸收与释放的相对平衡,达到了零排放。

采用环保无污染的新能源技术对"碳达峰、碳中和"的重要性毋庸置疑。新能源主要指的是氢能、太阳能、核能、海洋能、地热能、风能、生物质能、水能、化学电源等以新技术为基础，系统开发利用的能源。这些清洁环保的新能源可实现二氧化碳等污染物的零排放或低排放，具有很高的环境价值。

国家能源局统计数据显示，我国光伏产业雄踞世界第一，2021 年新增光伏发电并网装机容量约 5300 万 kW，连续 9 年稳居世界第一！光伏发电（图 1）已经成为中国最具竞争力的产业，中国光伏市场在光伏产业链中的所有环节都遥遥领先！那什么是光伏发电技术呢？光伏发电技术是指通过微小半导体，直接将太阳的光能转换为电能的技术。但是目前光伏发电技术仍存在着能量转换效率不高、不稳定、成本较高等问题，仍然需要不断地改进与提高。

图 1　光伏发电

还记得 2022 年北京冬奥会开幕式上最后被点燃的火炬（图 2）吗？美观、绚丽而又充满神秘感与科技感，隐藏在雪花之中的主火炬是冬奥历史上首支氢燃料火炬。氢气在空气中燃烧只产生水，没有任何污染，是世界上最清洁的能源。并且氢能资源丰富，来源广泛，是一种燃烧热值高的绿色可持续发展能源，被视为 21 世纪最有希望代替化石能源的清洁能源，是实现碳达峰、碳中和的重要突破口之一。

图 2　北京冬奥会开幕式主火炬

随着化学电源技术的飞速发展，电车越来越受当代年轻人的喜爱。街上随处可见的电车采用了锂离子电池等化学电源技术。化学电源就是直接把化学能转变为低压直流电能的装置，也叫电池。化学电源既能够释放能量，也能够储存能量，所以也称为能量储存器件。化学电源技术被看作21世纪全新的高效、节能、环境友好的发电方式之一！

"碳达峰、碳中和"目标的实现离不开新能源技术的助力，而新能源技术依靠的是不断的技术创新与改进，唯有刻苦钻研、扎根科学研究，才能早日实现"碳达峰、碳中和"目标！

参考资料

瞿秀静，刘奎仁，韩庆. 新能源技术 [M]．北京：化学工业出版社，2017.

第五节

氢能源

吴思琪

Richard Smalley 的调查显示，21 世纪人类所面临的十大问题中，能源危机排在第一位。据预测，目前发现的石油储备满足人类未来发展需要的时间不超过半个世纪。众所周知，我们日常生活中使用的电能主要来自其他形式能量的转换，包括风能、水能、光能、内能、化学能及原子能等，其中火力发电是我国大部分地区电能的主要来源。而燃烧所带来的大气、土地污染也使得环境问题居高不下，位列第四。

如何解决这样的问题呢？这便是我们今天要介绍的主题——氢能源。它是现阶段人类发现构建清洁低碳，破解能源危机的新钥匙。氢能源被视为 21 世纪最具发展潜力的清洁能源的原因是什么呢？下面我们将进一步进行介绍。

在元素周期表中，氢（H）位列第一，我们很容易联想到，它一定是最轻的元素。同时，它是自然界存在最普遍的元素，主要以化合物的形态贮存在水中，而水是地球上含量最多的物质，这使得它具有结实的物质基础。除此之外，氢的燃烧性能好，点燃快，单位热值高（142kJ/g，表1），并且与其他化石燃料相比氢燃烧时更清洁环保，不会产生诸如一氧化碳、二氧化碳、碳氢化合物、铅化物和粉尘颗粒等对环境有害的污染物质，只生成水。生成的水无毒无害且没有腐蚀性。另外氢燃料电池消除了内燃机的噪声污染隐患和能源污染隐患，利用率高。

表1 不同燃料热值比较

燃料	成分	化学反应	热值/(kJ/g)
氢气	H_2	$H_2 + O_2 \longrightarrow H_2O$	142
天然气	CH_4	$CH_4 + O_2 \longrightarrow CO_2 + H_2O$	56
汽油	C_8H_{18}	$C_8H_{18} + O_2 \longrightarrow CO_2 + H_2O$	48
煤	C	$C + O_2 \longrightarrow CO_2$	33
乙醇	C_2H_5OH	$C_2H_5OH + O_2 \longrightarrow CO_2 + H_2O$	27
甲醇	CH_3OH	$CH_3OH + O_2 \longrightarrow CO_2 + H_2O$	20

氢能源的应用范围广，氢燃料电池的能源转换率可达60%~80%，又兼备噪声小、污染少、装置可灵活调控等优点，降低交通运输对化石能源的依赖；可以为冶金、炼化、钢铁等行业直接提供热源，大量减少碳排放；氢能甚至可以作为一种良好的发电体用作周期性能源调峰媒介，实现跨地域能源网络协同优化。因为现有的大型电站均是将发出的电输送至电网，由电网再输送至用户。但各类用户负荷不同，造成电网有时低谷，有时高峰。这需要氢能发电这个启动迅速、灵活操作的发电站配合发电，更加经济地实现电能乃至热能响应均匀，长周期平稳运行。

说到这里，大家可能就要有疑问了，为什么氢能源这么好，但是并没有完全投入生产，进入我们的生活？科学家罗伯特·祖布林，曾在他的《能源的胜利》一书中谈到了后石油时代的未来："氢只有在最坏的情况下，才可能成为汽车的能源。"

之所以如此说，是因为相较于石油等石化能源而言，氢能源制取、运输、存储等技术体系依然处于有待完善阶段，实际使用成本较高，这都制约着氢能的推广应用。

国家能源局和国家发展改革委于2016年联合发布《能源技术革命创新行动计划（2016—2030年）》(发改能源〔2016〕513号)，该计划中所包含的燃料电池和氢能技术的创新，标志着我国同世界各国一样，将氢能源的发展列入了国家能源战略的部署中，我国氢能源的发展进入历史性的时刻。

2021年氢能产业被正式写入"十四五"规划中，中央政府及地方各级政府推广氢能源的政策密集出台，进一步加大对氢能源发展的投资力度，相信未来，氢能源在我国将会有巨大的发展空间。目前，我国正进行一场以氢能源汽车、氢燃料电池等形式为主的能源领域的变革。氢燃料电池直接将氢气的化学能转化为电能，能量转化率高、噪声小、寿命长且可实现零排放，是现在存在的对于氢能源运用较为透彻的技术。

氢燃料电池主要由阳极、阴极、电解质和外部电路等四个部分组成。

氢燃料电池的阴、阳两极均具备电子传导以及催化剂的作用。如图1所示，燃料气（氢气）由阳极通入，反应放出的电子经外电路传导到阴极，再与氧化气（空气）结合生成离子。离子在电场作用下，通过电解质迁移到阳极上，与燃料气反应，构成一个完整的回路产生电流。在此过程中，氢燃料电池由于自身的电化学反应以及内阻，会产生一定的热量，主要产物为水。

图1 氢燃料电池反应

目前，该反应的研究已成熟，但要实现氢燃料电池汽车的商业化，主要还是要降低氢燃料电池成本和解决氢源问题。

氢燃料电池反应的发生要求质子交换膜有较强的氧化和还原稳定性，而现下使用的全氟磺酸膜（PFSA，也称纳菲薄膜）主要依靠进口，其价格为每平方米600美元左右。因此，要实现氢燃料电池产业化，自主研发质子交换膜迫在眉睫。氢源方面，加氢站等基础设施建设仍存在一些不足，这也是氢燃料电池汽车发展的瓶颈。

随着氢能源产业的兴起，全球迎来"氢能社会"发展热潮。在解决国家能源安全和环境问题上，氢燃料电池技术在大功率、长距离场景应用优势显著，市场潜力巨大。据预测，在2050年左右将全面进入"氢能社会"，"氢能社会"必将为整个汽车产业甚至能源产业带来革命性变革，具有极大的产业引领效应。

氢能源产业发展已经成为各个国家战略布局的重要组成部分，美国、日本等国家的龙头企业正加速氢燃料电池的海外专利保护力度。随着制氢、储氢等核心技术不断取得突破，相关重大项目陆续启动，全球氢能产业市场格局将进一步扩大。

抓住机遇，迎接挑战，是伴随不同时代的主旋律，也是永恒不变的时代精神！

参考资料

[1] 张剑光. 氢能产业发展展望——氢燃料电池系统与氢燃料电池汽车和发电 [J]. 化工设计, 2020, 30 (1): 3-6.
[2] 宋泽林. 氢能源利用现状及发展方向 [J]. 石化技术, 2021 (5): 69-70.
[3] 马可·阿尔韦拉. 氢能革命: 清洁能源的未来蓝图 [M]. 刘玮, 万燕鸣, 张岩, 译. 北京: 机械工业出版社, 2022.

第六节

稀土发光的秘密

杨凯伦　胡雪琪

五彩斑斓的电光是现代文明的形象标志，无论是流光溢彩的城市灯光还是动态显示，一缕缕神奇电光把世界从黑暗带向了光明，其中，稀土元素就发挥着不可缺少的作用。大家一起走进神奇的稀土王国，了解稀土发光的秘密。

稀土究竟是不是稀有的土呢？答案当然是否定的。最早发现稀土的是芬兰化学家加多林（John Gadolin）。1794 年，他从一块形似沥青的重质矿石中分离出第一种稀土材料（钇土，即 Y_2O_3）。因为 18 世纪发现的稀土矿物较少，当时只能用化学法制得少量不溶于水的氧化物，历史上习惯把这种氧化物称为"土"，因而得名稀土。

从元素周期表中可以了解到，稀土其实是由来自镧系的 15 种元素，加上钪和钇一共 17 种元素构成。

稀土这个看似与我们遥不可及的化学元素，真的存在于我们生活中吗？其实与我们密切相关的通信工具——智能手机，就离不开稀土元素，我们都知道要想使显示屏呈现出丰富的色彩，离不开红、蓝、绿三种颜色。稀土三基色荧光粉就可以散发出目前最为纯净、饱和的红光、蓝光和绿光，所以说加入了稀土元素，我们手机屏幕的色彩才能更加丰富。如图 1 所示。

图 1　手机屏幕三基色

那到底是什么让稀土具有其他元素无可比拟的光谱性质的呢？稀土发光的秘密就在于稀土离子核外具有特殊的 4f 电子亚层结构，当 4f 电子受光、电、X 射线等能量激发作用后，就会由低能级向激发态跃迁，因为激发态不稳定，所以电子在返回原轨道的过程中，又会将吸收到的能量以光的形式释放出来，从而产生光辐射。稀土元素 4f 电子的跃迁特性，使稀土成为巨大的发光宝库，它几乎覆盖了整个固体发光的范畴，只要谈到发光，几乎都离不开稀土。

稀土发光材料有什么样的优点呢？首先它的色彩更为鲜艳，色泽纯度很高，并且对光的吸收能力强，转换效率高。同时它的物理和化学性能较稳定，能承受住高能射线和强紫外线的作用。如图 2 所示。

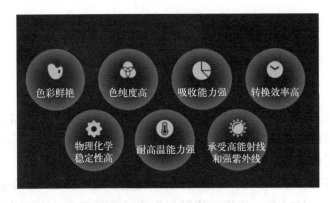

图 2　稀土发光的特点

比如稀土材料与农业领域就有着千丝万缕的关系，它可以作为太阳光的转光剂，用来制造农膜，相较于普通发光材料制成的大棚，稀土发光材料对光能的利用率更高，它提供了植物生长不同的光谱需要，像太阳一样给予植物生长足够的能量，改善了光合作用的光质，促进了农作物的增产，如图 3 所示。目前使用和发展的转光剂，主要包括有机铕（钐）的配合物（或螯合物）和稀土激活的发红光无机荧光体两大类。

图 3　稀土发光材料和普通材料制成的大棚对照

稀土荧光体还可以用作 X 射线增感屏（图 4），对于诊断人类疾病，保障人们医疗健康起着重要的作用。北京大学开发的二价铕激活的氟氯化钡荧光体成功地用于 X 射线增感屏，同时他们研发的二价铕激活的氟溴化钡荧光体用于存储计算的 X 射线摄像系统，其图像板和仪器已研制成功，正在多家医院试用。

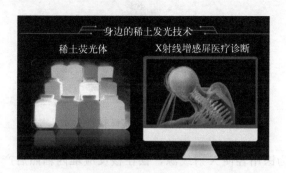

图 4　稀土发光材料 X 射线增感屏

稀土作为一种不可再生的战略资源，被誉为"工业维生素"和"新材料之母"，广泛应用于尖端科技和军事工业领域，在能源、环境、信息等诸多领域发挥着不可替代的作用。

人们之所以重视稀土研究和稀土开发，是因为稀土家族的每一个成员都有自己的特点，且在高精度和尖端科学技术领域显示出神奇的力量。

例如，镧（图5）可用于制备合金材料和光转换农业薄膜的催化剂。在国外，由于镧能锁住作物中微量元素的流失，提高作物抗病能力，因此它被赋予"超级钙"的美称。金属镧可用于生产镍氢电池，还可以用于制造特种合金精密光学玻璃、高折射率光学纤维板，适合做摄影机、显微镜镜头和高级光学仪器棱镜等。另外有科学家发现镧在防止牙齿矿化方面具有一定的作用，未来可能成为继氟之后的防龋元素。值得关注的是镧可以提高增强牙釉质的抗酸性，同时镧比氟的毒性小，因而镧在牙齿防龋方面的探索是十分有前景的。

图 5　镧（La）

钕是当今稀土元素家族中地位最为显赫的成员。40多年前，永磁之王——钕铁硼永磁材料（图6）问世，其磁能积比广泛应用的铁氧体高10倍，比第一代、第二代稀土磁体钐钴永磁高约1倍，且钕元素资源丰富，相比钐钴永磁材料，钕铁硼永磁材料用铁替代了价格昂贵的钴，一时间这种永磁材料在市场上大受欢迎。钕铁硼永磁体的出现为稀土高新技术领域注入了新的生机和活力。阿尔法磁谱仪的成功研制标志着我国钕铁硼永磁体的磁性能已达到世界一流水平。

在医学上，钆（图7）的水溶性顺磁络合物可提高人体的核磁共振（NMR）成像信

图 6 钕铁硼永磁材料

号。铥（图 8）可作为医用轻便 X 射线源，铥在核反应堆内辐照后产生一种能发射 X 射线的同位素，可用来制造便携式血液辐照仪，减少白细胞，从而减少器官移植早期的排斥反应。铥元素还可以应用于临床诊断和肿瘤治疗，因为它对肿瘤组织具有较高的亲合性。

图 7 钆（Gd）

图 8 铥（Tm）

总而言之，稀土元素总能在许多领域带给我们惊喜。科学家们在不断发现稀土的新用途。

我国拥有发展稀土应用的得天独厚的资源优势，在已查明的世界稀土资源中，80% 的稀土资源在中国，并且品种齐全。从 1986 年起，中国稀土产量已经跃居世界第一位，使中国从稀土资源大国变成稀土生产大国。无论是储量、产量，还是出口量，中国在世界稀土市场上都占有举足轻重的地位。但是在"量足"的情况下，我们更应清醒地看到，在稀土新材料的开发应用方面与一些发达国家相比还有一定的差距，许多材料的研究与开发处于跟踪模仿状态。因此，大力开发稀土新材料的研究与应用，是我国科技工作者面临的一项极其重要和紧迫的任务。

参考资料

[1] 梁小蕊，江炎兰，周鸣宇，等. 稀土材料的应用及发展趋势 [J]. 化学工程师，2011，25（5）：30-33.

[2] 洪建萍，石四箴. 镧在防龋中的作用 [J]. 上海医学，2005，28（6）：533-534.

[3] 韩赫，缪羽. 稀土元素镧在生物医学领域的应用 [J]. 内蒙古医学杂志，2021，53（3）：317-319.

[4] 晓哲. 稀土元素钕及其应用 [J]. 稀土信息，2005（4）：31-32.